軍事管理實務個案

Practical Case Study of Military Management

陸軍軍官學校　軍事管理科學研究中心◎編著

校長序

　　管理是一門科學，也是一種藝術；面對「事」與「物」，領導者所運用的是科學的原則，面對「人」，應用的則是協調、溝通與領導的藝術。目前國內對軍事管理的學術研究，已具張本，惟本人認為探討軍事管理之際，應重視軍事實務的案例。

　　本校為陸軍領導人才培訓的搖籃，如何讓軍校學生將管理學的相關知識，實際運用至各種類型單位中，一直是個人所關心的。「軍事管理實務個案」這本書顯然已替我們播下一棵種子。它不但將民間管理理論與軍事實務案例，做連結與驗證，且藉由實際案例教學，強化本校學生軍事管理專業技能，俾利在畢業後，能實際應用管理理論，而有效提升本軍之管理素質，展現具有領導與決策能力之優質軍官。

　　「軍事管理實務個案」這本書係由本校十餘位學有專精的老師，結合各階層軍事專業幕僚，經多次研討編纂而成。本書同時也是本校成立「軍事管理科學研究中心」三個月以來，

編輯出版的第一本實用性的管理專書。本人極
為樂意將這本書推薦給大家分享！

陸軍軍官學校　中將校長

中華民國九十四年三月二日於黃埔

編者序

　　1902年，經濟學家蓋‧艾德溫（Edwin. F. Gay）出任美國哈佛大學企管學院院長，引用哈佛法學院的「判例」與醫學院的「病例」教學，推動管理的「個案教學」，編著企業專案研究教材，使得百年來，哈佛MBA畢業生在職場大受歡迎。本校在民國93年12月正式成立「軍事管理科學研究中心」，編著第一本軍事個案專書，意義深遠。

　　本書採用管理學慣用的個案探討方式，提供軍事院校的學生，國軍基層幹部，以及對軍事管理議題有興趣的社群，研討軍事管理實務個案，期使讀者融入案例之中，強化互動學習效果。編寫主軸一直圍繞在如何將管理學的相關知識，實地運用至軍事管理的範疇中，堪稱是一本基層軍事管理領域方面，專家與學者群的智慧結晶。

　　本書的內容淺顯易懂，遴選軍隊中真實發生的案例，以類似解剖的手法，分析案例發生之後，在處理程序上的問題關鍵點，針對這些關鍵點，落實所學的管理學理，精進讀者處理

與解決問題的能力。

本書共分為五篇，第一篇首先著墨於領導統御的新視界，內容涵蓋軍校學生應具備的優質執行與領導能力、不當管教事件之解析、實習幹部制度對培養學生領導統御能力的精義，以及一位知人善任、永不放棄的領導楷模事蹟之闡述，期能正面激勵國軍幹部，勿妄自菲薄，並勇於接受挑戰。第二篇則是說明現代軍事管理者面對壓力應有的正確調適，以及如何精進自我情緒的管理。在資訊科技瞬息萬變的時代，對於網路資源分享、網路犯罪、甚至是對媒體新聞的管制作為，都應該培養正確的觀念，此乃第三篇的範圍。面對軍中層出不窮的理財詐騙，個人借貸破產的案例，第四篇說明正確的理財與消費哲學觀，並且再以軍中財務內控與軍工弊案之事件，強調國軍幹部依法行政的觀念，以及培養廉潔操守的重要性。第五篇則是對軍隊基層首重的危安事件之危機管理、衝突管理與後勤管理，解析軍事實例，期能化危機為轉機，降低危安事件發生的頻率。「軍事管理實務個案」這本書的作者群，始終把握住以國軍基層幹部為對象，極力將民間管

理理論與軍事案例作驗證與整合，藉由淺顯易懂的軍事案例，來闡明軍事管理之旨趣。

　　軍事管理科學研究中心十分榮幸能代表發行第一本軍事管理的實用專書，過程雖然充滿艱辛，但是果實卻是甜美的。本書能夠順利完成，除了感謝所有作者極力奉獻專長與時間，也感謝揚智文化的高效率編輯群，本校政戰綜合科與攝影社提供的珍貴圖檔與精采照片，以及余達德少校、余添成上尉，本中心助教何柏欣少尉，與兩位文書黃庭偉與鍾政佑的不辭辛勞，在此致上萬分的謝意。

　　出書前雖然經過反覆討論與校正，遺漏之處難免，還恭請各位先進，多多給予指導！

陸軍軍官學校

軍事管理科學研究中心主任

黃寶慧　博士　謹織

中華民國九十四年三月二日

目錄 Contents

校長序 ....楊國強　i

編者序 ....黃寶慧　iii

第一篇　領導統御新視界

第一章　從美國西點軍校之「沒有任何藉口」行為準則探討

............黃卓憲、王舜民、袁利中　3

第二章　從權力來源看不當管教

............唐雪萍、洪淑玲、熊高生　23

第三章　從「實習幹部制度」看軍校學生之領導統御行為

............蘇瑤華、楊國隆、林志祈　39

第四章　「知人善任、永不放棄」的領導楷模

............黃寶慧、張國斌、吳政哲　65

第二篇　面對壓力　管理情緒

第五章　軍事幹部對工作壓力的管理

............洪登南、馬榮華、江雪秋　91

第六章　領導者必須慎防情緒管理失控

............蘇志成、林　銀、蕭惠卿　111

第三篇　操控時代新科技

第七章　建立網路資源分享的正確認知

............朱文章、周維婷、蔣志祥　**137**

第八章　網路犯罪與新聞管制

............黃中興、蔡逸舟、黃中堂　**155**

第四篇　正確理財·端正風紀

第九章　正確的理財與消費哲學觀──避免掉入沈重負債的深淵

............黃寶慧、蘇　適、劉英華　**177**

第十章　軍中財務內部控制的正確認知

............余玉春、唐爾呈　**199**

第十一章　軍事工程弊案與營建管理──糊塗一時、遺憾終身

........朱陳鈞岳、林偉傑、呂德根　**211**

第五篇　化危機爲轉機

第十二章　「危機管理」的策略思考──以軍隊危安事件探討

............呂博中、全子瑞、陳宏詩　**231**

第十三章　新進士官與資深老兵之衝突管理

............劉百川、黃崇豪、張紹明　**257**

第十四章　後勤管理之彈藥安全作業

............陳孝澤、林鄉鎮、李繼林　**291**

第一篇　領導統御新視界

第1章 從美國西點軍校之「沒有任何藉口」行為準則探討

黃卓憲*、王舜民**、袁利中***

思考指引

一位合格的正統軍校學生，必須能同時具備「執行力」及「領導能力」。這兩種能力乃係軍校學生的核心能力，擁有「執行力」始能遂行任務，具備「領導能力」才能領導部屬。

「沒有任何藉口」是美國西點軍校廣為傳頌的悠久傳統，以及其最重要的行為準則，同時也是無數商界精英秉承的理念和價值觀，被眾多著名企業奉為圭臬。它代表著一種完美的執行力，一種服從、誠實的態度，以及一種負責、敬業的精神。

學習重點

1. 「目標管理」（MBO）所訴求的管理重點。
2. 如何從「沒有藉口」中培養出服從的觀念。
3. 中西文化對「找藉口」觀點的差異性。
4. 「貫徹任務」與「執行力」之間的關係。

*陸軍軍官學校　管理科學系副教授
**陸軍軍官學校　上校教務處處長
***陸軍軍官學校　中校營長

近幾年，受到經濟情勢的轉變，就業市場的競爭，引發公職發展之熱潮，軍職地位與生涯持續看好，造成軍校成為年輕人生涯發展的一個選項，也有利召募素質更好的學生進入軍校。為能營造國家未來的優質幹部，軍校教育必需朝向允文允武、術德兼備的教育目標努力，以培養全能通才、學養豐富與武德完善的領導幹部。如何兼顧「軍事智能」，與未來建軍之需要，進而展現新時代軍官聰慧的文武特質與完備的本質學能，這樣的成效需要學生、老師、幹部與學校教育者秉持共同理念以匯聚而成。

軍校學生的核心能力著重於「執行力」及「領導能力」兩大部分。擁有「執行力」才能遂行任務，具備「領導能力」才能領導部屬，規劃並完成任務使命，因此，一位合格的軍校學生必須具備這兩種能力，而如何培養並建立起每一位學生這樣的觀念及能力，正是學校單位所念茲在茲的主要任務。

二次世界大戰之後，在世界500強企業裡

面，西點軍校培養出來的董事長有1,000多位，副董事長有2,000多位，總經理、董事一級的有5,000多位，他們都有絕佳的「執行力」及「領導能力」，任何商學院都沒有這麼多優秀的經營管理人才。「沒有任何藉口」正是美國西點軍校廣為傳頌的悠久傳統及最重要的行為準則，同時也是無數商界精英秉承的理念和價值觀，被眾多著名企業奉為圭臬。它代表著一種完美的執行力，一種服從與誠實的態度，一種負責與敬業的精神，這正是軍校學生所必要培養的，同時也是現今社會上所需求的觀念。本文從此觀點並運用以下的案例，探討如何為軍校教育投注更多的心力，培養出優質的現代化軍事幹部。

關鍵字：領導、執行力、服從

一、案例發生經過

　　某學校單位爲迎接週末的懇親會活動，各學生連隊全力加強準備相關工作。然因懇親會正式開始前的夜間氣候不穩定，下了一場傾盆大雨，導致營舍周圍行道樹枝葉紛紛被打落，凌亂不堪。隔日清晨，學生連隊隨即展開大規模的清掃任務，值星官要求負責打掃外圍區域的班隊，必須將其範圍內之環境區域整理乾淨。二年級周姓學生隨即帶隊共二十員，前往該外掃區域打掃。抵達現場後，周生命令同學儘速整理，此時部隊內有反彈聲音說樹葉量太多，難以在有限的打掃時間內完成清理工作，攜帶來的垃圾袋及掃具的數量也不夠。甚至有學生抱怨學校種植的樹木太多，造成連隊上打掃的困擾，其他的學生也群起埋怨，同聲附和。周生見狀後，亦同意同學們的要求，僅在規定的打掃時間內，依照平時的步調作打掃，將所攜帶的大垃圾袋裝滿樹葉後，即收隊回營上。

　　周生回營上後，欲將情況報告值星官，然

因連隊後續調遣公差，加強佈置營舍內部家長休息區，周生於匆忙之中，亦忘了回報此事。校部督導官於懇親會開始前，作校園環境最後的巡視，赫然發現還有一部分的區域樹葉成堆，尚未整理，隨即通知學生指揮部，派幹部前來。負責該區域連隊的連長接到通知後，隨即前往現場。經了解後，找來周姓同學詢問原因，周姓同學將未能達成任務的理由向連長報告，然要再調遣公差前來補救，爲時已晚。懇親會活動已經開始，家長陸續開車進入校區，同時也見到此一凌亂的環境區域。校部督導官指責並追究該指揮部以及營連級主官（管），周生始知自己犯下了大錯。

二、牽涉單位

　　本案之牽涉單位，由上而下包含校部之督導科組、學生指揮部、營級、連級，以及學生實習營、連部等單位。因爲學生指揮部應負責於懇親會前後，隨時掌控突發狀況，營級則應善盡指揮所屬連隊完成各項任務，連級單位是實質的執行層面，除確保任務之達成外，亦應

做好逐級向上回報之程序，以提供營部以及指揮部最新的任務處理狀況。

至於學生實習營連部，其設置之宗旨，即在培養學生歷練各階層之實習職務，故在接受到上一級的命令時，即應立即遂行任務，並且隨時掌握任務執行狀況，同時還必須要求執行單位隨時回報。

此次事件影響層面相當深遠，學生家長看到學校不好的一面，並不會認為是某個單位的缺失，而必然認定是學校整體的過失，對於影響校譽以及家長對學校的信任，將是很難去彌補挽回的。校部承擔學校的名譽，在整體上面來說，是承受最大壓力的單位。

三、相關單位狀況處理

由於本事件涉及單位包括校部、學生指揮部、營級、連級，以及學生實習營、連部等單位，各單位之處置如下：

（一）由校部督導單位立場來看，其本身雖未實際參與規劃懇親會活動，然亦肩負指導監督之責，理應強化管制作為。爾後舉辦相關活動，再遇有突發狀況時，需追究狀況後續處理情形，以防範未然。

（二）由學生指揮部立場來看，學生指揮部理應隨時掌握任何狀況，一有臨時事件，隨即指揮所屬營連隊進行突發事件處理，必要時召集緊急應變小組，有機動性的解決問題。

（三）營、連級單位經過檢討後，作以下的結論：

1.營、連級單位應加強教育學生任務完成的重要性，要培養其使命必達的執行能力，同時也要善盡勤走勤看的督導之責，以確保對於任何事的管理，均需鉅

細靡遺，不可馬虎大意，甚至是鄉愿的
情況發生，尤其是環境的整齊，更是幹
部責無旁貸的督導重點。

2.利用各種集會場合，甚至是檢討會時，
教育學生責任心、榮譽感及公德心的觀
念。使學生知道生活習慣是透過軍校時
期生活層層節制的管理培育養成，以時
時提醒學生養成與發揮慎獨的精神。

3.幹部需詳加規劃打掃區域及掃地時間。
當有特殊情況無法打掃時，需協調鄰近
班隊幫忙維護整潔，不可有事不關己，
致使無人關心，而造成環境不潔的情事
發生。

（四）實習營、連部在召開檢討會後，作
出以下之具體決議：未來應做好事事回報之作
業程序，有效規劃及善用人力，任務的執行程
序以及時間點，要作妥善安排，勿讓同學造成
執行上的不確定性及困擾，以確保任務之達
成。

四、問題癥結與分析

綜觀此次案例，問題最重要的癥結點，其實就在學生本身。周姓同學以及該打掃班隊，身為軍校學生，卻作了最壞的示範——未完成任務。打掃學生認為以他們現有資源及時間無法完成任務，周姓同學更忽略了身為領導幹部，應有的責任及使命，貿然盲從同學們的抱怨之聲，甚至將這些抱怨的理由帶回，作為未能完成任務的藉口。他們缺乏完成任務的「執行力」，周生更是缺少率領部屬，達成任務的「領導能力」。而這些，正是軍事學校所欲培養學生應有的才能。未完成任務以及尋找藉口，在此次案例的後果，便是使學生家長對學校有了較差的印象。情況若轉移到殘酷的戰場，很有可能演變成同伴的傷亡，部隊的損失甚至是戰爭的勝敗。

針對此次案例，可以從以下幾點做分析：

（一）學生執行任務之心態

案例中的學生會認為完成任務與否並不重

要，代表著他們對上級長官的指示，感受不到切身相關。冷漠以對的結果，當然不會負責與敬業的執行任務。「三信心」的根基已經動搖，用藉口來搪塞、掩飾，以暫時逃避困難和責任。若是學生接受的教育或所置身的環境，允許他們有這樣的想法，將會造成很嚴重的錯誤，學生們會將這種觀念帶到部隊、帶到戰場上、帶到社會中。殊不知戰場、商場上無小事，很多時候一件看起來微不足道的小事，或者一個毫不起眼的變化，卻能大大的改變結果的勝負。要把每件事情作到完美，達成任務，就必須付出熱情和努力。而要培養出具有完美的「執行力」以及「領導能力」的學生，需要靠每位老師與幹部的教育來達成。

（二）領導統御能力之培養及貫徹

在此次案例中，周生之領導缺少「了解」任務以及「貫徹」任務的兩大能力。在執行任務前，必須了解所掌握的人力、資源條件是否充足，任務情況是否清楚，以及時間點的掌握。了解情況後，則是要「貫徹」任務，完成上級交

付的使命。這些能力都需要在平時的教育中培養，在生活管理中慢慢的學習領導以及管理的技巧。其次，在指揮能力的培養中，軍事領導強調「任務分析」的重要性，周生不但未能體會任務的重要性，更未能針對任務達成，深入了解並選擇最有利的措施和預防任務失利的因應措施，這些都是領導才能負面的現象，殊值警惕。

（三）教育面的問題

接受教育的軍事院校學生，若不能在平時的訓練中，就培養優質「執行力」以及「領導能力」，甚至在小事情上，都無法顯現出這樣的觀念，如此一來，更無法確定學生在面對更嚴峻的考驗時，能展現出多少能力。這絕對是值得我們擔憂的課題。當教育的本質出了問題，核心觀念沒有建立起來，敬業、責任、服從與誠實的精神變成空泛的口號，軍校學生能在國家危難時，顯現多少的價值，

或是在社會中能作出多少貢獻，都存在著一個問號。尤其，諸如「敬業」這般形式上的概念，是沒辦法僅賴課堂講授，就獲得教育的效果，其實仍需要從在生活面上的小地方著手，點滴深烙在學生的心靈，並展現在行為上，才能印證教育的成效。

五、從「沒有任何藉口」行為準則 體現軍校學生核心精神價值

本文案例中的周生表現，顯現出目前軍事院校普遍存在的本質問題。若能將完成任務視為第一使命，了解狀況後，立即請求其他班隊支援協助，並向值星官回報垃圾袋不足的問題，也可立即派人回連隊領取，同時應激發隨行同學，努力達成此次任務。周生若能展現，勢必完成任務的熱情與決心，將可帶領同學，一同在時效內，完成困難的任務。

事實上，當代管理學中即相當強調「目標管理」（MBO）、「參與管理」、「集體決策」等相關管理決策的觀念。幹部們在下達命令的

同時，也要考慮執行任務可行性。要詢問受令的學生，是否對任務執行方面有疑問，適切的反映所需的時間、人員、資源等等，以更快速、更妥善、更有效率的方式來達到目標（蔡昌隆，2002）。如此一來，一旦學生們認為任務是能夠在現有條件下完成，同時也參與了決策，一同承擔了成敗之責，學生必然會盡心盡力完成任務，達成使命。

美國西點軍校，有一個廣為傳誦的悠久傳統，學員遇到軍官問話時，只能有四種回答："Yes, sir!"、"No, sir!"、"No excuse, sir!"、"I don't know, sir!"，也就是「報告長官，是」、「報告長官，不是」、「報告長官，沒有任何藉口」以及「報告長官，我不知道」，除此之外不能多說一個字（金雨，2004）。

「沒有任何藉口」是西點軍校所奉行的最

重要的行為準則，它強化的是每一位學員想盡辦法，去完成每一項任務，而不是為沒有完成的任務，去尋找任何藉口。其目的是為了讓學員學會適應壓力，培養他們不達目的不罷休的毅力，無論遭遇什麼樣的環境，都必須學會對自己的行為負責。在校時，只是年輕的軍校學生，日後肩負的，卻是自己和其他人的生死存亡，乃至整個國家的安全。在生死關頭中，是不能去尋找藉口的，哪怕最後找到失敗的藉口，又能如何？「沒有任何藉口」的訓練，讓西點學員養成無畏無懼的決心、堅強的毅力、完美的執行力，以及在限定時間內，把握每一分、每一秒，完成任何一項任務的信心和信念（金雨，2004）。

任何藉口都是推卸責任。經常聽到的藉口，主要有以下幾種類型（金雨，2004）：（一）他們做決定時，根本不理我說的話，所以這個不應當是我的責任（不願承擔責任）。（二）這段時間我很忙，我盡快做（拖延）。（三）我們以前沒那麼做過，這不是我們這裡做事的方式（缺乏創新精神）。（四）我沒受

過適當的培訓來做這項工作（不稱職、缺少責任感）。（五）我們從沒想過趕上競爭對手，他們都超出我們一大截（悲觀態度）。

　　美國成功學家格蘭特納說過這樣的一段話：「如果你自己有繫鞋帶的能力，你就有上天摘星的機會！」首先要改變的，就是自己的心態，選擇用積極的態度去面對任何任務及考驗。要如何培養「沒有任何藉口」的觀念，有以下的箴言（金雨，2004）：

（一）找藉口，不如說「我不知道」

　　不要認為說「我不知道」是丟臉的事情，它是誠實的表現，但絕對不表示任何事情都可以裝做不知道。事後追查，若發現有刻意隱瞞的情事，說謊將會是最大的罪過。

（二）不要讓藉口成為習慣

　　一旦培養起軍校學生服從的觀念，培養沒有任何藉口的觀念，才能進而培養其領導能力。是故，要在一開始，就拒絕任何藉口的產生，杜絕任何一次尋找藉口的機會。二次大戰

期間，盟軍將領布雷德利將軍，爲巴頓將軍寫了一則不尋常，但合情合理的評語：「他總是樂於並全力支持上級的計畫，而不管他自己對這些計畫的看法爲何」。威廉拉尼德描述服從的定義：「上司的命令，好似大砲發射出的砲彈，在命令面前，你必須無理可言，必須絕對的服從。」（金雨，2004）

（三）執行，不找任何藉口

在西點軍校，軍官向學員下達指令時，學員必須重複一遍軍官的指令，並回答有沒有問題，學員的回答就是作出承諾，就是接受軍官賦予的責任和使命。任何千篇一律的訓練，無一不是在培養學員的意志力、責任心和自制力。在這樣的訓練中，西點軍校的文化慢慢滲透到每一個學員的思想深處，無時無刻激勵著

他們，使他們具有飽滿的熱情和旺盛的鬥志。

服從為領導之母，領導者的成敗，有很多地方就是取決於有沒有學會服從的角色。參照西點軍校培養領導能力的四階段，分述如下（Donnithorne, 1994）：

第一階段──是建立起強化組織的向心力。根本上的作法，是強調團隊精神，以及教導新生認同團體的價值體系，使個人獲得更高的滿足感。

第二階段──是幫助個人開始找到自己在團隊中的聲音，強調直接或面對面的領導。此外，西點也強調道德思考，奠定崇高的領導基礎。

第三階段──教導學生建立足夠的自信和必要的領導技巧，以領導其他的領導人，這就是間接領導。

第四階段──是行政領導，在企業界即是高級主管的地位。教導學生的是如何為組織謀求長遠的利益。

六、結論

身為軍校學生，理當將服從的觀念深植在心。關於本個案中的學生，服從觀念較為淡薄，自我主觀意見太重，是故，從事教育者，必須培養軍校學生絕對服從的精神和嚴守紀律的品格。需要發表個人意見時，坦而言之，盡其所能；對長官已作了決定的事情，就要堅決服從，努力執行，絕不表現自己的小聰明。

總之，教育是百年大計，尤其軍校學生的教育，是同時肩負著國家的責任與榮譽。如何讓軍校學生建立完美的執行力及領導能力，更是教育者責無旁貸的任務。藉由美國西點軍校的行為準則，學習他們遵行的優良傳統與典範，融合在現今軍事院校的教育之中，我們將會不斷地培養出傑出與專業的國軍優質幹部。

七、參考文獻

1.Donnithorne, Larry R.著，陳山譯（1994），《西點軍校領導魂》，台北：智庫文化，第50-139頁。

2.金雨編譯（2004），《沒有任何藉口 No Excuse!》，台北：海洋文化，第2、16、22-23、31-33、40、50-51、60-61、76頁。

3.蔡昌隆（2002），《被管理的時代》，台北：小知堂文化，第67-88頁。

第2章

建立正確的職權觀念
從權力來源看不當管教

唐雪萍*、洪淑玲**、熊高生***

思考指引

　　管教之目的在於改變對方的行為,使其合乎行為的規範或要求的標準。若使用不當,則會造成不當管教事件,無論對受害人或加害人而言,均會產生令人遺憾的結果。

　　之所以會造成不當管教的原因,至少有三點:首先可能是根源於錯誤的管教觀念;其次則是因為管教過程中,情緒失控所造成;最後則可能是管教者職權的濫用。本個案的討論重點集中在第三點——也就是職權的濫用。

學習重點

1. 「強制權力」與「法制權力」在管教行為中所扮演的角色。
2. 「獎賞權力」在管教行為中所產生的效用。
3. 「專家權力」與「參考權力」的搭配使用,可使管教效果更佳。
4. 「以身作則」的管教方式乃為不當管教的絕緣體。

*陸軍軍官學校　管理科學系副教授
**陸軍軍官學校　管理科學系副教授
***陸軍軍官學校　管理科學系講師

不當管教事件，歷年來無論在部隊或在官校均有聽聞。不當管教事件之發生，不只讓被管教者在生理或心理上遭受傷害，施加不當管教行為者，事發後也會遭到上級長官的調查與懲處，對雙方當事人均是令人遺憾的結果。

不當管教事件的發生有一些原因，而藉由本個案，從權力來源的觀點，分析不當管教的行為，並藉此提醒讀者，應如何避免不當管教，建立正確的職權觀念。

關鍵字： 權力、職權、不當管教

一、案例發生經過

某日一年級黃姓學生欲執行〇五三〇時至〇六一〇時連隊衛兵服勤時，適為上一班衛兵二年級傅姓學生檢查，發現其銅環不潔，傅生乃令黃生執勤後，將缺失改進。惟黃生因執勤後，即赴連隊參加晨讀，匆促間未能改正缺失，復於當日早上七時四十五分許，在教學大樓教室外，又為三年級學生糾正其銅環不潔，

且為傅生見獲，傅生乃令黃生進其教室內，要求黃生將銅環取下，質問其為何未改進缺失，黃生沈默以對，以致傅生於盛怒下，將黃生銅環擲於地面，並以手抓住黃生衣領，將其推於教室左側牆邊，期間傅生除時以「我

ＸＸ看你是不想擦銅環」、「你相不相信我會打你」等言詞，並於黃生面前握拳揮舞作勢，直至有兩名四年級學生經過，發現即將上課，卻仍有一年級學生滯留於二年級教室，始令黃生返回其教室。

二、牽涉單位

　　本案件之牽涉單位，包括營、連級之實習幹部管教權責的問題，主要是指管理與教育方面的「權利」與「義務」是否確實平衡或相符，以及是否應當給被管教者一定程度的反應時間，其中所涉及的是否有管教過當等問題。由日常生活中簡單的銅環問題，最後卻演變成

「準」不當管教案例，幸好被高年級學長及早發現，而避免了管教情況的持續惡化。以上種種皆由於管教觀念的不正確，以致必須由連、營等單位，逐級召開檢討會，藉以及時導正不合乎時宜的管教觀念。

除連、營逐級召開檢討會之外，監察官在詳閱各級上呈之檢討報告後，考量到其中是否仍有未經查證之隱情，於是分別約談管教者與被管教者雙方，以釐清整個案情之來龍去脈，作為未來律定懲罰標準的參考依據。至於黃同學本人，由於各級長官考量到其內心已受到恐嚇與脅迫，唯恐對其未來的領導心態受到影響，進而滋生「媳婦熬成婆」的報復心態，於是將黃員轉介至心理輔導中心，接受心輔官所排定之心理輔導課程。

三、相關單位狀況處理

本校依「陸軍軍官學校危安防險工作具體作法」，對於不當管教事件分析探討，並提出落實合理管教之具體作法如下，以避免類似事

件再次發生：

（一）校部每季召集直屬營、連長；指揮部每季召集連級幹部、每二個月召集排級幹部；營級每月召集士官幹部（實習幹部）實施「領導統御座談會」，交換管教經驗、傳授帶兵、練兵、領導學能及管教法令研習。

（二）各級幹部應確遵「國軍基層管教作法」暨「陸海空軍懲罰法」、「陸軍軍官學校學員生學則」等相關管理法令規定，落實管教紀律，不可自訂私規或情緒化領導，更須率先躬行，約制所屬（實習幹部）粗鄙、不當之口語暴力，使每一個人都是「教育者」，每一個人都是「監察者」，以健全「合理管教」。

（三）指揮部應將具有不當管教之幹部；營級將具有壞兵欺侮好兵（壞生欺侮好生）傾向者，統一列冊輔導管制，每月辦理輔導座談，強調管教是「因果循環」的鐵律，肇生

不當管教，工作績效將全盤否定，且應了解自己對部屬或他人不當管教，不但使被管教者的心靈遭受創傷，更會為自己帶來刑責及處分。

四、問題癥結與分析

雖然上級長官或學校三令五申的禁止不當管教行為，但歷年來無論是部隊或學校中，還是時有發生不當管教案例。我們分析不當管教的原因，約略有下列幾項：

（一）職權之濫用

管教者通常在組織中之位階級職，均比被管教者高，但並不表示身處同一個單位中的職位較高者，均能管教職位比其低的人員。易言之，傳統「天下官管天下兵」的觀念，是必須要大幅調整的。因為現代管教權的行使，必須考量到制度層面，亦即必須以建制之直屬關係，才得有管教權。例如班長對其隸屬官兵才有權下達命令，非有指揮隸屬關係或建制關係，僅能行使管教建議權，而不可擅自行使管

教權。因此，各級長官一再要求部隊必須按建制站隊的道理，即是顯示指揮權責的重要一環。

就本個案而言，管教者對部屬或學弟、妹施行管教是其責任，也是職權的一部份。相對而言，受管教者就權力的分佈而言，是屬於弱勢的一方。因此，即使長官或學長有什麼地方不對，通常學弟、妹也不太敢直接反應，只有忍氣吞聲。另一方面，管教者屬於權力強勢的一方，以上對下的關係較無所顧忌，甚至在施行管教職權時，忽略了其權力的界限以及制度層面，而為所欲為，終致造成不當管教。

（二）錯誤的管教觀念

造成不當管教的原因之一，常源於錯誤的管教觀念，認為只有非常嚴厲地責罵，以及使用令人難堪，甚至傷害肢體的體罰方式，才能在管教下屬或學弟、妹時，獲得立竿見影的效果。殊不知管教的權責是依據指揮權所賦予，現代管教所講求的是「權責平衡」的概念，亦

即領導者所享有的權利必須與本身職責，或其所承擔的責任相符。

本個案中錯誤的管教觀念，可能來自管教者本身錯誤的經驗，也可能是缺乏領導經驗，而不知如何運用其他正確的方式，來管教部屬或學弟、妹。

（三）管教者無法妥善掌控自身情緒

有一些不當管教案例發生，是因為管教者或雙方的情緒失控所造成的。當管教者發現部屬或學弟、妹未遵守命令，或是行為不當時，本身立即產生不滿的情緒，甚至大發脾氣。此時若未冷靜下來，將情緒控制住，就很可能在盛怒下失去理智，對該部屬或學弟、妹施行不當管教。

上述不當管教的後兩項因素，雖也十分重要，但因不在本個案主題的範圍，另待其他個案說明。本個案乃針對第一因素——職權之濫用加以探討。

五、從權力的來源探討如何影響部屬的行為

本校實習幹部與學長學弟制的實施，讓官校學生在學校期間，有機會學習如何成為一個領導幹部，並從中獲得領導統御的經驗。這是一種很重要的學習過程。但在施行中，有少部分同學，或因其錯誤的權力觀念、未妥善掌控自身情緒及對職權之誤用，以致於造成不當管教行為的發生。

事實上，管教之目的在於改變對方的行為，使其合乎行為的規範或要求的標準。不當管教的起因，一開始往往是被管教者行為未符合要求或規範，長官或學長為改正該員行為而施以處罰。之後，由於處罰過當造成不當管教。

從管理的觀點而言，一個人可以使他人採取某些行動的能力便是「影響力」。而權力的基礎，

即是影響力。林建煌（2001）說明權力的來源有下列五種：

（一）強制權力（Coercive Power）：因為害怕被處罰，而對擁有處罰權力者的遵從，這種基於畏懼的權力，便是強制權力。例如，主管可以對違反命令的員工，處以減薪或降職的處分。

（二）獎賞權力（Reward Power）：基於個人因具有給予其他人所認為有價值的獎賞，而產生對他人的權力。例如，主管可以對表現良好的員工，給予加薪或升職的獎賞。

（三）法制權力（Legitimate Power）：基於個人在正式組織所擔任的職位而取得的權力，性質相當接近職權。部屬認為主管具有可以指揮或命令部屬的法制地位，因此所有行為都會在主管的影響下而行動，這便是一種法制權力。

（四）專家權力（Expert Power）：基於個人因擁有某種專長、特殊技能或知識而產生的

權力。例如，某些人在某些領域上，具有很高的專業知識與聲望，則其在該領域便具有專家權力。

（五）參考權力（Reference Power）：基於某人因為擁有某些獨特的特質，而易受人認同的權力。例如，有些人因具有很強的領袖魅力或可信賴感，而容易被其他人所追隨。

從上述權力來源作分析，長官或學長對部屬或學弟的管教，也是運用所擁有之權力去影響部屬或學弟的行為。同時此一權力是附屬於其職權中的法制權、強制權及獎賞權。亦即長官或學長，由於在組織中所擔任的職位，而擁有的正式權力（即職權），其可以對下屬或學弟有指揮或命令的權力、對不當行為懲處的權力、及獎賞優良行為的權力。

然而，長官或學長對部屬或學弟施行管教的職權，卻造成不當管教的結果，是因為長官或學長忽略了其所擁有的職權，並不是沒有規範或毫無限制的。在一個科層體制的組織中，

它是分層負責與授權的。每一種職位均有其權限，對下屬或學弟的管教，也同樣有所規範。所以，當學長對學弟的不當行為施以責罵懲處時（即強制權的行使），必須知道這項權力來自於組織，當你超越了組織的授權時，便是對權力的濫用。特別當對方是下屬層級時，更易形成濫權，並造成不當管教的後果，對雙方當事人都產生了不必要的遺憾與傷害。不過，這並不是指說長官或學長要對部屬或學弟不當的行為舉止視而不見，必要的提醒、勸導，合乎規範的懲處，仍是學長在管教上的職責。

另外，我們從權力的來源可以看出，要影響其他人行為的改變，事實上，除了強制權外，仍有其他的途徑，例如，專家權或參考權。倘若一位長官或學長本身在課業（專業）、體

能、軍事戰技、儀態及行爲操守等各方面，表現十分優異，自然成爲部屬或學弟敬佩與學習的模範和標竿。那麼，這位長官或學長的一言一行，對學弟的影響力自然非常的深遠，這便是無形的管教了。

以學長對學弟的管教而言，專家權力、參考權力是最優質的誘導式管教，簡單的說就是「以身作則」，管教者自己本身有專業素養是學弟、妹的典範。另外，對於獎賞權力而言，給予授權是較少的，只有軍官的層級才有獎賞的權力。最容易引起管教不當的權力即是「強制權力」與「法制權力」，因爲它的發生是即時的，效果是立即的，最容易引起衝突。

六、模擬情境重回現場

以本案例而言，管教者A生對被管教者B生的要求是立即而明顯的——把銅環擦乾淨。當B生不遵從的心態（可能的原因：你的管教讓我不爽，害我沒有面子；你自己也很爛，爲何來管我？你是因爲其他的事情故意來整我；你

的管教態度不佳，以前從來沒有人敢這樣罵我；昨天女朋友跑了，心情不爽，你又來煩我……）及A生所引起的立即情緒反應（你這小子敢挑戰我的權威？敢在學弟、妹面前給我擺臭臉？你是連隊的敗類，害我每次被長官K，我為你好，還不知道嗎？你什麼時候才能像一個官校生……）各有所不同。總之，各有各的想法與立場：以A生的授權來說，他可以改採以下的管教方式：

（一）問其原由，使B生有解釋的機會，緩和氣氛，適時的機會教育，給B生改進的機會。

（二）A生需注意管理的時間與場合是否合宜，對要求的標準需一致，管理的方式需多元化，儘量以溝通協調，來達到教育的目的。

（三）對屢勸不聽的人員，應按獎勵懲罰之規定，來執行懲處，使其心服口服。但是絕對不允許動手推擠（因為A生沒有被授權）。

如果以上的管教方式，仍無法改善B生的

態度時，只有向上尋求更大的授權，或是報告上級。事後A生的反省也很重要，我的管教態度、肢體表現、語言表達是否恰當？是否為了建立個人的威望，而忘了管教的目的？總之，管教是領導統御的手段之一，管教方式是需要學習的，能讓被管的人「心服口服」才是真正的藝術。

七、結論

　　時至今日，不當管教事件在部隊或學校中，仍時有所聽聞。管教權是長官或學長的職權之一，但職權的行使有其界限與範圍，莫因個人一時情緒衝動，或對方是權力弱勢的一方，而濫用管教權。要知道管教的目的，是導正對方不當的行為，適當的勸導與懲處，有助於管教目的的達成。若能以身作則，以自身的能力、言行舉止來影響學弟，同樣也能達成管教之目的，並且絕對不應該有管教過當的行為發生。

第3章 從「實習幹部制度」看軍校學生之領導統御行為

蘇瑤華*、楊國隆**、林志祈***

思考指引

　　本個案探討軍校學生在擔任其實習職務時,對本身之職責及任務執行方面,是否真正了解其精義,並克盡本份、依規定遵從職責,在公平公正原則下,以合理、適切之管理、領導方式,教導學弟、妹,並完成上級所賦予之任務。

學習重點

1.規劃的類型。
2.從績效評估,落實績效考核。
3.達成有效的溝通管道。
4.培養實習幹部之特質。

* 陸軍軍官學校　上校總務處長
** 陸軍軍官學校　管理科學系助理教授
*** 陸軍軍官學校　管理科學系上尉學員

軍事院校學生與其他民間大學學生不同處之一，就是每位學生必須歷練實習幹部。就陸軍軍官學校而言，三、四年級學生是歷練實習幹部職務的重要期程，希望能從基層管理事務及領導實務中，學習領導與被領導的過程，因而了解領導統御之精義，及如何去領導與指揮他人，以期能承先啓後，有效遂行實習幹部之管理功能，從擔任一位優秀的實習幹部，成爲熟悉基層領導實務之優質軍官，進而防止單位不當管教或危安事件的發生，以嘗試錯誤開始，到改進、減少錯誤的發生，最後能具備現代「準軍官」之領導能力。

關鍵字： 實習幹部制度、領導統御、溝通

一、案例發生經過

　　X連平時的生活表現與任務執行皆深獲長官肯定。但於民國93年12月份第三、四週，連續被指揮部依「四大要務評比」爲最劣單位。其乃因爲該單位在當月第三週的週四早上晨操訓練時，三年級學生因服裝儀容、儀態表現等

多項缺失，遭到實習旅、營部登記，扣除連隊許多成績，因而首次被評比為最劣單位。第二次則是在當月第四週，連隊除了輕微缺失過多之外，又因園遊會活動的表現，被評比為最劣單位，針對園遊會的評比過程，是由實習旅部編組評分人員，分派實習旅政戰官及實習旅人事官考核各連執行成效。然而，整個「四大要務評比」成績，會由各單位實習連長於當週四晚上，至實習旅部確認本週所登記之缺失，是否與實際狀況互相符合，在本月第四週，該單位實習連長蔡同學在確認成績過程中，發現當週「四大要務評比」成績，卻包括園遊會的考核成績，這是與以往評比項目不同之處。但是，依據「陸軍軍官學校學指部四大要務評比實施辦法」，皆有詳細規定各項評分項目及標準，並未包含有關園遊會評比的項目與標準，於是向實習營部反應。接著實習營部便隨同實習連長，向實習旅部反應，實習旅部便將事件緣由向指揮部處長反應，並建議園遊會評比成績，不應列入「四大要務評比」

成績之內，但是指揮部處長並不同意。因此，該單位此次的「四大要務評比」成績盡陪末座，隔日全連必須於教學大樓罰勤半日。

連隊實習幹部得知此事後，皆對此次評比感到「不公平」。認為舉辦活動，應是一件很快樂美好的事，且又逢懇親會及園遊會，連上為求完美演出，也已費盡心力。雖然成績評比為最差單位，但因事前並未被告知相關準備與評議事項，如今卻要列入「四大要務評比」項目，因而產生對實習旅部處理措施不當的想法。隔日，該單位四年級學生於下課時，討論此事件之不公平性的同時，正好被課堂老師獲知此事，發現學生對學校實習幹部制度產生誤解。在老師詢問之下，才知事情緣由，便請該單位營長代為處理。

當日下午基本教練課程結束後，營長集合該單位學生，並鼓勵四年級及連隊學生，不要因此而灰心喪志，往後還有許多任務及工作要執行。而且四年級學生為連隊之重心，亦是連上工作任務執行之主軸。營長也相信連上的表

現優異，但不可因此次事件而延宕後續任務之執行，同學之間要彼此互相鼓勵，必須再接再厲。其次，鼓勵學生凡是做事對得起自己，以及能自我反省，那才是最重要的。當天晚上該單位連長，針對此次連上連續獲得二次「四大要務評比」最差單位，要求全連應自我檢討所有相關缺失，實習幹部在領導與管教方面是否出了問題，而不要只將焦點置於「園遊會事件」，並且教育大家，處分只是手段而非目的，希望全連能勇於承擔結果。

二、牽涉單位

　　實習幹部制度的建立，以部隊編組之指揮職為架構，藉不同層級的職務及工作歷練，磨練官校學生培養基層工作實務之領導統御能力。制度的規定，是依計畫內容督導之項目，逐一針對各單位執行情形而規範。規範則是約束各單位，須依規定執行勤務，並遵從上級之命令，以達成所賦予之任務。然而，實習幹部所下達之命令，乃實屬團值星營長，奉指揮官之指示事項，賦予實習團值星官指揮權責，並

通知各單位任務執行時，注意相關規定，而實習旅部乃奉指揮官之命，督導各單位執行成效，予以實施考核評審。

本案例所牽涉之單位，包括實習旅部、營部及連部以下之相關實習幹部。實習旅部則依「陸軍軍官學校學指部四大要務評比實施辦法」之督導條例，對各單位在營務營規、教育訓練、軍紀安全及裝備保養四大項目中，依評比項目內容之標準，評定各單位之執行成效，是否符合上級所交辦事項。然而，本案例中，實際的評比項目卻與規定的內容不相符合，且事前又未通知各單位，進而引發學生對評比結果之公平性產生質疑。再者，因為這兩次評比為最差的結果，該單位被罰勤半日，造成單位學生向心力渙散、怨聲載道，對其它任務之遂行，造成連帶影響。綜合地說，實習連部向上級反應評比不符合規定且評比項目有所缺失，便會同實習營部向實習旅部反應，但長官仍依規定執行，其案例發生期間，相關實習旅部、營部及連部以下之實習幹部，都應有其責任將任務圓滿達成。

三、相關單位狀況處理

（一）實習旅部接獲實習營、連級反應，對於該單位的評比成績有所疑慮，向指揮部處長反應，但是指揮部處長決定須將園遊會的評比成績，列入「四大要務評比」成績內。其實，實習旅部應於每次重要集合或是重大會議時，告知各單位最近活動項目中，那些項目需納入「四大要務評比」成績，希望各單位能重視與盡力。但是也不可因為有評比或獎勵之規定，才真正努力付出，應以「全力達成任務」的心態來執行每一項事務。

（二）實習營部應對單位內學生安撫其心情，並向實習旅部反應此事件。擔任該單位之營長，從學生的老師方面，獲知學生對此事件有極大反應。因此，於當日基本教練結束後，召集單位高年級學生，勉勵對連隊平時之運作、活動、任務執行及軍紀方面等，都給予極大的肯定。再者，對於此次評比所獲結果，應以平常心看待，勇於承擔，而且身為高年級生，看待事情，應更加成熟，不可帶頭抱怨，

影響連上士氣。

（三）該單位之實習連長，於當天晚上，安撫連上同學心情，以振奮士氣，同時地說明連隊因連續獲得二次最劣單位，應受罰勤半日之處份。雖因如此，仍鼓勵全體學生別因此而懷憂喪志、影響作息及連隊工作勤務。並要求各班、排級實習幹部，確實督導缺失改進情形，並檢討個人在領導及管教方面是否有不妥之情形，以避免連隊再次犯下相同之缺失，而重蹈覆轍。

（四）擔任班、排實習幹部，對於實習旅部督導項目，應利用平時集會或空閒時間，多對班上或排上同學宣導「四大要務評比」項目內容。並針對評比細項，同學們需應特別注意，並互相提醒、幫助及規勸。同時，也應多加強

檢討各班、排不足之處，以尋求改進之道，使
實習班、排長幹部在管理、教導及工作執勤
上，以達有效管理之功能。

　　（五）連隊之連長及輔導長，亦針對此事
件，分別利用早晚點名時，向單位同學們宣
導，並做觀念溝通與釐清。再者，評比結果說
明了連隊必有尚待改進之處與進步的空間。實
習旅部發掘連上未發現之缺點，及相關問題癥
候，有利於連隊提早發現問題所在，實爲連隊
所幸之處，同學們應虛心接受指導糾正，並改
進缺失。

四、問題癥結與分析

　　實習幹部制度乃軍事院校獨特之傳統，舉
凡幹部之產生、任期及職權等，均詳盡規定於
「學校學員生學則」之中。各級實習幹部依其
職掌，秉持合理管教方式，完成上級所賦予之
任務。依據「陸軍軍官學校學員生學則」第八
章規定：學生實習幹部領導要則計有：1.責任
動機。2.軍人儀表。3.團隊精神。4.影響他人。

5.關懷他人。6.計畫與組織。7.充分授權。8.全程督導。9.輔導學弟。10.決策模式。11.充分溝通。12.專業倫理等十二項。其中與本個案有關者爲第4、6、8及11項，茲分述如下：

（一）事前未妥善規劃

實習旅部在舉辦園遊會之前，應先集合各單位實習連部人員，說明此次活動的規劃重點爲何？應注意那些事項？並要求各單位依計畫執行任務。然而，實習旅部不但未訂定相關計畫與評比項目，亦未完成上述程序，造成各單位無任何行動準據可遵循。

（二）績效考核未落實

實習旅部應建立一套完整之程序，以督導、規範學生部隊之任務執行成效。故對授權下級執行之任務，應採取適切之驗證措施，以評估其執行成效。其次，實習幹部按現行編制共分爲實習旅部、

實習營部及實習連部。然而，在本次的督導編組，實習旅部八位成員中，僅有兩位排入評分編組，受限人員評比編組過少之下，可能使評比過程無法達到公平與公正性，造成評分結果遭受質疑。

（三）未與下屬充分溝通

在「陸軍軍官學校學員生學則」中，實習幹部領導原則規定，實習幹部應運用適當之人際關係與方法，引導他人（學弟、部屬）、同學（同儕）、學長（長官）共同完成任務或解決衝突，積極設法改變環境與條件，以達成任務目標。但此次園遊會乃屬臨時性任務，未能做好完善規劃，以致決策匆促中，未能召集各級實習幹部，說明臨時性任務之目標，以及控制評量方式，終致造成各單位執行任務時產生疑惑。除此之外，高階實習幹部與部屬之間，由於未能採取適切之溝通，亦造成實習幹部彼此之間的誤解。

（四）單位實習幹部未能自我檢討

問題發生之初，該單位內各階層實習幹

部，都應先針對連隊缺失及個人領導與管教方面做檢討，而非一昧地質疑實習旅部考核評估之公正客觀性，甚或將所有問題皆怪罪於「園遊會扣分」一事，以致原本單純的問題，卻導致同學產生不滿，衝突如雪球般越滾越大。因此，該單位所有實習幹部，實應針對本身領導能力不足及尚待改進之處，加以修正調整，期能避免單位在爾後「四大要務評比」中，再犯同樣的缺失。

五、管理決策修改與調整

針對此個案，各階層實習幹部應在任務來臨前，擬妥完善之計畫，並做好管理功能，明確指出各項工作及各級所要求之標準。以下就針對本個案之問題癥結，應用管理理論，提出五點精進措施：

（一）建立完善計畫

學校在每年年度學制開始之前，均會公佈「年度學曆表」，身為高階實習幹部，即應有事先規劃之能力，能立即明確了解該做什麼（目

標），和該如何去做（措施）。以良好的規劃為基礎，則有利於實習幹部明確掌握任務執行進度。但若無良好的規劃，則管理功能將難以產生效果，亦會造成雜亂無序之現象發生。曾柔鶯（2004）指出規劃之類型可依範圍、時間及特性三個構面來區分，如圖1所示。

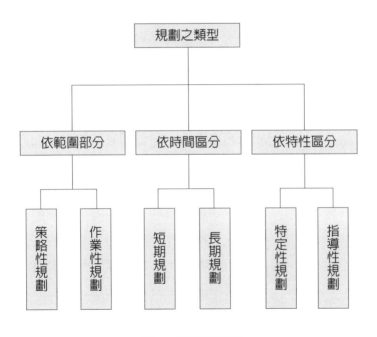

圖1　規劃類型圖

資料來源：作者參考曾柔鶯（2004），《現代管理學》，第48-52頁。

1. 就範圍區分而言：愈高階者，傾向從事策略性規劃；愈低階者，則傾向從事作業性規劃。擔任實習旅、營部等中、高階幹部，應著重嚴謹與明確的規劃。而實習連、排、班等低階幹部，應依高階幹部所擬訂之計劃，納入連隊整體運作之目標，並依目標來執行任務。

2. 就時間區分而言：通常以一年的規劃來區分，一年以內為短期規劃，一年以上則是長期規劃。高階實習幹部每任期均為半年，故在面對各項重要操演及任務時，都應依時間長短做好規劃，才不致於任務來臨時，手忙腳亂不知重點及方向。

3. 就特性區分：特定性規劃，可明確定義目標，不會有模稜兩可或產生誤解的情況發生。指導性規劃，則不鎖定特定目標或行動方案，可讓管理者彈性調整。在年度學曆表中特定的任務，實習旅部應明確訂定「時間管制表」，使各單位能及時掌握任務，有效執行目標。若為臨時性之任務或活動，則不限定各單位特

定目標或行動，應充分授權，使各單位能發揮其功能。

（二）落實績效考核

績效評估（Performance Evaluation）又稱績效考核，簡稱考績，旨在對每位部屬的工作表現進行檢討。一方面可做為擬訂改進計畫的參考，另一方面可做為成員升遷或調薪的依據，重要性不可言喻。績效評估須有正式的績效評估系統，否則僅憑主管判斷，主觀成份在所難免，勢必招致成員的抱怨（曾柔鶯，2004）。此次實習旅部對任務考核方面，人員編組僅有二個人執行，然而，實習幹部不僅只有實習旅部的實習幹部而已，基於共同性的活動，建議應將實習營部的實習幹部納入評比編組，以補足實習旅部評比人員的名額，才不致於造成評比不公的現象發生。

依張列經（2004）提出「如何克服績效評估的缺點問題」，共有以下六項：

1.採取多準則評估（Use Multiple Criteria）——工作越複雜，則所需的評估準則也

就越多。

2. 撤開特質（Deemphasize Trait）——許多特質常被認為與績效有關，但事實上往往毫無關聯或很微弱。

3. 強調行為（Emphatic Behavior）——在進行評估時應可能使用以行為為基礎的測量，而非以特質為基礎的測量。

4. 採取多人評估（Use Multiple Evaluate）——評估者的人數增加，則評估正確的機率也會增加。

5. 選擇性評估（Evaluate Selectively）——評估者應該僅就他具有專長的領域去評估別人，因為這樣做會得到正確的結果。

6. 訓練評估者（Train Evaluators）——對於評估者施予訓練，會使他們的評估更為正確。

指揮部應對評估者施予訓練，使其評估更為正確。對於實習旅部而言，應採取多人評估方式來考核各單位，以及在評估者個人特質方面，須按評分要項使其合理及公正，不可依個

人特質或心情。因此，往後面對任務或活動的考核評估項目，實習幹部應多方面考量，以免績效評估不彰之情形發生。

（三）有效的溝通管道

若要成功的達成有效溝通，不僅要傳達訊息或意思，而且還需要被了解才行。因此，實習幹部在進行長官與部屬溝通之前，應先有個目的或主題，而並非只是臨時一時興起。其次，有效的溝通應包括三個重要的層面（邱繼智，1999）：

1.發訊者必須正確地進行溝通，不能有所遺漏。
2.必須採用適當的溝通方法。
3.收訊者必須了解收到的訊息。

如果沒有資訊或想法的傳達，就沒有溝通，沒有聽眾的演講者或沒有讀者的作家，都沒有達到所謂的溝通。更重要的是，溝通涉及到對意思的了解，溝通要成功，必須能將意思準確地傳達給對方並為對方所了解。Robbins & Coulter（2003）將組織溝通分為下行溝通

（Downward Communication）、上行溝通（Upward Communication）、橫向溝通（Lateral Communication），以及斜向溝通（Diagonal Communication）。以陸軍官校實習幹部制度組織結構而言，其組織溝通關係如圖2所示：

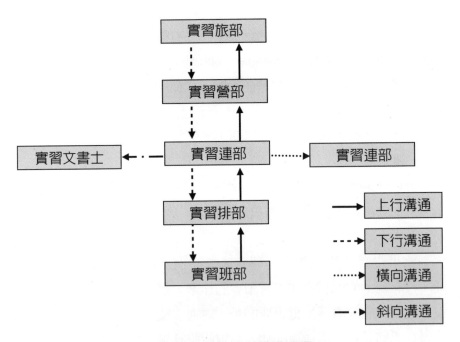

圖2　實習幹部組織溝通圖

資料來源：參考陸軍軍官學校編印（2002），《陸軍軍官學校學員生學則》，第8-1頁至8-30頁。

　　「陸軍軍官學校學員生學則」中第八章指出，針對實習幹部領導要則第11項為「充分溝通」。意指在私下或公開場合，能夠有效透過語言或文字表達自己之意見，包括良好之語文素養、肢體語言及其他非文字的溝通。實習旅部在面對下行溝通時，意旨在告知、指揮、協調以及評量成員，而對於上行溝通則是有助於實習旅部，了解成員對工作內容、工作夥伴及組織的觀感，以利改進措施。

　　面對各層級實習幹部的疑慮，應做良好的溝通，以避免個人主觀意見、嗜好及情緒而影響或破壞溝通的橋樑。在問題發生後，能有效交換意見，以尋求「平衡點」，並在溝通過程中，友善的表達個人想法，並參考他人之意見，加以運用以減少溝通上的阻礙。其次，在各實習幹部階層間，將良好的溝通管道靈活運用，朝多方面執行，不可一成不變。因此，良好的溝通方式是建立完美領導統御的基石。

（四）培養實習幹部之領導特質

　　領導統御是一種直接影響他人的方法，使

其努力以達成群體所共同追求的目標，也是管理程序中一項重要的功能。造成連隊成爲最劣單位，擔任該單位之實習幹部，必須負擔職責，檢討本身領導方式是否出了問題，以建立更好的領導方式，避免事件再次發生。因此，實習幹部制度無不強調領導的訓練與發展之重要性。在此，對實習幹部領導方式之精進，可從培養領導者的特質爲著眼，以擔任實習幹部一職，進而領導學生部隊爲主軸，使其在特質上必有獨特之處，方能「兵隨將轉」。劉威麟（2004）認爲美國911恐怖攻擊事件發生時，紐約市長朱里安尼（Rudolph Giuliani）所領導過

的情勢，可能就是人類史上最混亂的情勢之一。朱里安尼分析歸納新世紀領導人所需培養的領導特質，以在混亂中，領導人們走出順利的路。其領導人所需的特質，共分爲以下六項：

1.堅定不移的信念

　　領導就是設定一個方向，實習幹部身爲學生部隊的領導者，在每學期開始之初，設定共同的目標，讓所有學生有所依循，而這個目標就是「信念」。成功的領導人心中的信念，是不太容易更改的，只有堅持到最後的人，必是一位成功的領導者。

2.領導者永遠樂觀

　　人們喜歡跟著可以「解決問題」的人。古今中外的領導者，常常是對混亂的社會局勢，提出樂觀的解決方法來吸引人們。所以，身爲各階層的實習幹部，需有解決問題的能力，在事情發生之後，能不慌、不忙、不亂，保持樂觀的態度去解決問題，則將會是令學生所遵從的對象。

3.領導者充滿勇氣

　　碰到危機要以「勇氣」來領導人們。所謂勇者，並不是不害怕，而是在害怕的時候，還能去面對害怕，並處理與克服它。經濟大師梭羅（Lester Thurow）曾言：「你有勇氣，你或

許會成功，或許會失敗。但若你沒勇氣，你注定要失敗！」身為實習幹部，在面對問題，則應具備道德勇氣，要能去糾正不公平之事、處理申訴案件，以及克服各項任務的挑戰。

4.領導者準備再準備

準備得再多，無法預測的還是會發生。但是，就算發生的事情總是無法預測。準備好的人，還是顯得從容得多了。（劉威麟，2004）面對任務來臨時，實習幹部應須完成各項準備事宜，沒有先前的規劃準備，在工作執行上，則會造成事倍功半。

5.領導者善於集眾人智慧

一個成功領導者的領導特質，看似應該是個人的任務，個人好就可以領導。但如果是這麼想，那就不會成功。朱里安尼認為：「一個好的領導者的背後，總有一個成功的輔助團隊。」當你找輔助團隊時，第一要問，「我的缺點在哪裡？」第二再問，「如何用他人的優點來補足我的缺點？」成功的實習幹部，則需集合各階層幹部的意見、智慧及特質，再加以

分析、討論及彙整，以做出最佳決策。

6.領導者擅長人際溝通

溝通，是領導者的基本功。若要把心裡的想法，從自己腦袋轉移到成員的腦袋，必須擁有強大的人際溝通技巧。高階實習幹部在人際溝通方面，是必要的本職學能，在面對下屬所提出問題時，能善用言語詞意，使彼此能心平氣和找到共通點。其次，激勵部屬對任務執行，將一股成功的信念與方法，深植部屬的腦海裡，使部屬能付出心力執行，才能達到領導之效能。

六、結論

在2004年「國際領導高峰會」，七位大師提供全球企業領導人「看見未來」的全新視野資訊。其中平衡計分卡之父柯普朗（Robert Kaplan）指出：「21世紀的領導人，要有領導人的魅力，更要有管理人的能力。」領導人和管理人不同。領導人善於對「人」不對「事」，哪怕面對的是前所未見的大挑戰，或是

一直無法解決的長期問題，都可以說服別人追隨他，以眾人之力宣戰，並帶領人們改變。柯普朗說，「『領導』（leading）要與『管理』（managing）合併，稱做『領管』。」因此，以實習幹部的本身而言，不但要領導學生，要做好生活管理。其個人的儀態、學識、軍事素養及體能戰技，都應是經過各級長官層層測驗及挑選，合格者方能成為一位實習幹部。每一位實習幹部皆有個人魅力領導之處，以帶領同學們朝向目標邁進，完成任務。（劉威麟，2004）

軍事院校乃培養現代軍官的搖籃，軍校學生將學校所學驗證在部隊實務中，故學校建構有效的領導統御方式，實為塑造出優秀領導幹部之基礎。當前實習幹部的領導特質及價值觀，都是需要多方面學習與考量。學校在培養領導者時，均應提供一典型模範，樹立良好之風範。然而，領導到最後，都是在管理「人」，而不是績效中的數字；領導「人」，而不是領導專案，實習幹部應建立個人領導風格，然後鼓勵朝著適合自己之典型的模式，再

以納入己用，邁向理想目標前進，以符合學以
致用之功效。

七、參考文獻：

1.Robbins, Stephen P., & Mary Coulter著，林孟彥譯
（2003），《管理學》，台北：華泰文化，第280-295
頁。
2.邱繼智（1999），《管理學》，台北：華立圖書，第
302-303頁。
3.張列經（2004），《管理學Q&A》，台北：新陸書局，
第187-193頁。
4.陸軍軍官學校編印（2002），《陸軍軍官學校學員生學
則》。
5.曾柔鶯（2004），《現代管理學》，五版修訂，台北：
高立圖書有限公司，第48-52、260頁。
6.劉威麟，〈21世紀領導學〉，《管理雜誌》，365期，
2004年11月，第96-98頁。
7.《陸軍軍官學校學指部四大要務評比實施辦法》。

第4章 「知人善任、永不放棄」的領導楷模

黃寶慧*、張國斌**、吳政哲***

思考指引

　　身為基層單位的幹部（班、排、連、營長），遇到困難應不逃避，反而需要充滿熱忱，永不放棄。例如連長肩負連隊成敗之責，如果今天遇事推諉、找藉口、滿口抱怨遷怒，試問如何要求弟兄勇往直前、克服困難。作為基層領導幹部，更應用心接納與照顧官兵、認真協助與解決每個人的困難，大大彰顯官兵在單位的價值與成就。同時，更能突顯其與連隊於全師的成就價值。所以，不論幕僚、官長都應以更宏觀的角度，來協助處理基層的問題，才能真正做到上下一心，眾志成城的堅強戰鬥體。

學習重點

1.管理功能（程序）之意義與關連性。
2.單位組織文化的涵義。
3.落實單位組織文化的方式。
4.領導者的特質與行為模式。

*陸軍軍官學校　管理科學系副教授兼軍事管理科學研究中心主任
**陸軍軍官學校　政戰綜合科中校科長
***陸軍軍官學校　少校監察官

　　部隊是一個由人為組合的基礎，藉由班、排、連、營等指揮組織，發揮「層層節制」的管理結構，在「絕對服從」的信念下，達成組織的目標。

　　但既是由「人」為組織的根本，相對地，就不得不重視部隊組成的複雜性及差異性。所以，重視「單位」及「個人」的差別及複雜性，應是初下部隊，擔任領導幹部的第一個課題。部隊的組成份子，可區分志願役、義務役；領導官士又可細分為正期、專科、指職、官預、預官、士校、校訓、自訓等等不同「養成教育」所產生的幹部，再加上所謂「不願意」的士官兵，即使主官計劃周詳，也很容易因為個人「內在因素」干擾，降低執行的成效，甚至徒勞而無功。此時的挫敗感，再加上上級的責難，很快的就會蛀蝕一個初任官的自信與自尊心。對環境失望、管理灰心，進而萌生退意，這不但與領導幹部解決困難，達成任務的目標背道而馳，進而可能為單位製造更大的問題。

從此衍生出的問題就是身為領導者，認識單位特性不難，能夠將單位的人員「適才適所」，發揮組織力量，才是最重要的課題。而「適才適所」的先決條件就是「知官識兵」的工作，這對任務的分配、個人目標的實踐、團體目標的達成都是非常重要的。以下就由一位「與眾不同」的連長實例中，來探討這一個問題。

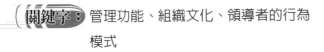
關鍵字： 管理功能、組織文化、領導者的行為模式

一、案例發生經過

某師某營在國軍精實案時，為配合各單位裁減員額與合併編制，必須吸納與管理各單位所轉撥過來之冗員官士兵。營長朱中校原欲以步兵連，分擔承接該批人員，惟營內各步兵連長對此項任務，都認為是吃力不討好的工作。因為所接受過來的人員，泰半皆為各編成單位不願意納編的問題官兵，所以他們原寄望師部能改變心意，將這批人員改分配至同為步兵營

的其他單位。唯師長黃將軍仍認為，宜以營區內單一營級吸納為原則，除易於管理外，也有避免問題擴散的考量，所以最終仍由該營吸納。由於單位內各步兵連長，仍未放棄排斥的念頭，所以轉而希望營長將問題集中為一個單位，只是這個棘手的任務，應該由誰來承接呢？最後，營長考量將任務交由營部連連長葉上尉來執行。

葉上尉與其他各連連長具有專科、正期畢業的學歷背景不同。他原是役男徵召時，因彈響腿（俗稱青蛙腿）體位不符而不用當兵。後來再作複檢時才被通知入營報到，在入伍訓練時徵得家人同意後，轉服志願役預官，展開了他的軍旅生涯，接著又續簽留營升任連長。在接受這項任務之初，旁人看來其似乎係在情非得已、勢單力孤的情形下，被迫接受此一吃力不討好的任務，但是他卻改變了這一切。

接受任務後，葉上尉的連隊，頓時由原為

編制十餘人基幹連隊，擴編成超過一、二百人的連隊單位。除須立刻解決單位內，各項裝備不敷增額人員使用問題外，更要面臨基幹連隊沒有經費、柴米油鹽等短缺的現實。所以，他很快的將問題向上級回報，再主動和師部各業參幕僚協調，並且獲得師部各單位的協助。至此，問題似乎暫時解決，但隨之而來的人員進駐後，真正的考驗才正式上場。

首先，不同單位的官兵，追隨不同的連隊主官，也有各自不同的單位特性，對單位事情的態度、管理者的期許，當然也都互異。最重要的是領導幹部的情形也好不到那裡去，連隊人員摩擦亦時有所聞，各連連長對其亦採取消極的「壁上觀」態勢，更遑論說協助。

但是葉上尉清楚的認知其所處的環境，一個連隊從無到有，許多東西都要建立，所以他需要充分運用團隊中的每一位份子，共同合作完成任務。因為面對的是莫衷一是的幹部與士兵，所以他利用每一個集合的時機，親自與官兵溝通說明外，每日必定召開士官以上幹部會

議，檢討當日工作執行情形及討論士兵狀況，律定翌日工作行程及任務分配，並要求回報。再者，經由每日的演練，連長和幹部皆很快的掌握全連士兵的狀況，除將對事情的看法及作法齊一化之外，連長也藉此考核幹部的心態及工作執行的熱情，以奠定爾後任務分配的基石。如此一來，該單位慢慢地由一盤散沙，變成「事事有人管，物物有定位，人人有定職」。最值得一提的是，他也運用「明德班」輔訓結訓，充份發揮頑劣士兵的木工潛能，建立單位人員的行李、裝備架。而且以具前科但有水泥專長的士兵，修繕衛浴設施，提昇了官兵的生活環境。

更另類的是，連長接收了全營沒有人願意做的垃圾資源回收工作，為連隊增加了一筆不少的經費，以供其運用。當然，最重要的是，他能接納、協助連隊中患有憂慮症、吸毒、意圖逃亡的問題士兵，親自與家屬聯繫溝通，誠懇的說明協處，將事情做圓滿的處理。葉上尉從不將問題官兵視為單位的負擔，而且積極的發掘官兵的長處，創造其在單位的價值。最

後，再透過每日會議中的研討，使幹部學習與了解連長處置危安人員的態度及重點：「用正常心態接納官兵、協助官兵是處理單位問題的重要一環」。因而在當年度內，未肇生任何一件軍紀安全案件。

在連隊的運作逐步進入軌道後，葉上尉要求輔導長鍾少尉協助參一製作獎懲標準，將生活管理、教育訓練等納入，每週結算乙次。過犯人員可主動爭取公勤，抵銷禁足處分；獎勵也一定說到做到，部份表現優異的士官在離營時，幾乎記滿三大功，達到領取累功換章的標準。建立標準，獎優懲劣，同時也儘量鼓勵官兵面對錯誤及勇於改錯，期能「刑期無刑」，發揮官兵自重自愛的紀律精神。

不過，事情亦非如此的順利，部份官兵開始利用黑函，向師部檢舉連長對官兵管教不當，動輒以「禁假」為管理手段、經費使用不當等等不實的情節。此時，經營輔導長吳少校進行了解後，發現所控並非事實。吳少校除當面嘉勉葉上尉之外，葉上尉亦表示能虛心接受

官兵的意見，以及長官的指導調整作法，並向長官及連隊官兵溝通說明，逐步穩定官兵抗拒的情緒。同時配合年節加菜，辦理KTV歌唱比賽，以慰勞全連官兵，使該連的士氣終獲紓解與提昇。該連在後來的師部各項競賽中，亦表現優異，深獲長官肯定。

值得一提的是，有一次在葉上尉感冒時，素來嚴厲的師長，除親自至其寢室探望，並致贈慰問金3,000元，以嘉勉與肯定其辛勞。再者，其他各連連長在執行裝備保養、營舍修繕等單位重大任務時，亦獲得葉上尉的全力支援，而且士兵工作效率快速，不僅讓他們對其刮目相看，也不再採取對立而冷漠的態度。

在師裡，每天早上及下午皆統一在營區操場實施體能訓練，於暖身操後，各實施伏地挺身、仰臥起坐等訓練，再進行團隊三千公尺跑步。葉上尉因腿疾關係，跑步從未跑完全程，而且每次他跑步時一跛一跛的奇異姿勢，似乎也說明了何以他能視每一位官兵如子弟，對有問題的官兵從不放棄，總能讓官兵相信，連長

一定會盡心解決問題。何以一個身有殘缺，本職學能可說不甚完美的幹部，可以讓大家忘了他的缺陷，沒有人在意他的「非完美」，反而終能獲得長官的肯定，以及部屬的折服。當年他曾被推舉為莒光楷模，可惜未能當選。但是多年後，他任職於其他單位連長職務時，終還是獲選國防部優秀官兵，接受表揚。

二、牽涉單位

　　本個案涉及師長黃將軍的主官企圖心，他認為所有編餘人員必須以營區內單一營級單位統一接收，以利人員之管制，故將此一任務交給營長朱中校。至於營長朱中校，在情非得已之下，將任務交給一個原本並不怎麼看好的連長葉上尉，來統一接收及管理所有調撥過來的人員。

　　葉上尉雖然沒有軍校專科或正期的學歷，僅是一般轉服志願役的預官，在被委以重任

後，雖然其他各連連長均不看好，但其卻能夠一一去克服所面臨的諸多問題，內容包括制度的建立、內部管理、人員管制，以及後勤管理等，實屬難能可貴。

連隊是國軍最基層的單位，在講究「層層節制」、「命令服從」的管理中，小至個人，大至全國軍，皆是環環相扣的緊密共同體。尤其現今社會乃為資訊傳遞快速，媒體多到幾至泛濫的時代，一個「人」的問題，可能因為媒體的過度報導，而成為單位的問題，更可能因過度渲染，而擴大成為國軍整體的形象問題。因此，擔任國軍現代幹部應深刻體認，唯有從「人」的管理，深入至人的關懷、教養至領導，才能徹底根本解決單位的問題。

三、相關單位狀況處理

（一）師部主動協助單位，獲得指揮部協助，成功解決連隊的寢具、床位、內務櫃等問題，主計室協助取得經費供單位運用。

（二）後勤部門協助單位營舍整修及資源回收經費爭取，解決單位住的問題及經費拮据的問題。

（三）政戰部門指導連隊妥採人員輔導、個案處置、文康作為，使官兵心緒得以紓解、士氣提昇；並適時呈報葉上尉個人為模範表揚，達到獎優懲劣的目標。

四、問題癥結與分析

（一）部隊領導與幕僚軍官執行重大任務的心態

部隊編裝問題係由作戰部門業管，其他諸如主計（經費、薪餉）、後勤（陣營具、糧秣等）、人事（兵力等）、政戰（政訓、文康）等單位，協助完成主計畫任務之達成，也是環環相扣，不可或缺的，例如：如果上級承辦計劃幕僚僅將人員、裝備找一個地方安插，未能協調各業管配合，很快的就會在人、裝到達定位後，產生諸如用餐、薪餉、食衣住行育樂等等的問題。

目前適逢國軍精實案的實行，各單位面臨裁、併編或吸納冗員的重大任務，該任務之執行實屬不易。所以，各幕僚單位在擬定重大任務的實施計劃案時，應該調整心態，勇於面對問題，並且完善預擬各種可能發生之狀況，主動協助基層了解，將其建議納入考量，盡可能提供其各項資源，使之妥處。切勿以完事交差心態了事，因為此種推託虛應的行事風格，不僅有違指揮道德，無法擔當重責，以順利完成任務目標。更甚者，因其處理不善，將會為單位製造更大的問題。

（二）基層連隊幹部的本位主義

基層連隊幹部遭遇問題時，應該摒棄「自掃門前雪」的本位主義，面對的任務愈是艱鉅，愈應該同舟共濟。坦然承擔重責大任，秉持「犧牲小我、完成大我」的精神，發揮集思廣益的力量，接受挑戰，突破萬難，確保任務之順利達成。事實上，基層連隊幹部處置問題是否得宜，將關係事態的圓滿處理或是產生後遺擴大。因此，不僅基層連隊等平行單位要齊有貫徹任務的決心，其上級或是其他連、營、

旅等單位幹部主官，更應該體恤部屬，適時提
供其所需資源，以經驗傳承與實際支援，共謀
對策，同心協力完成目標。

五、問題解決與管理決策之對應

　　本案例介紹之主要議題，係以葉連長的個
人特質及領導作為為主，故文內雖有敘及其他
相關問題，但也已經予以分析及建議，故在此
不再予以納入研討。

　　主角葉上尉於接獲重大任務初起，即勇於
面對問題與接受挑戰，一路克服困難，逆向思
考，創造資源，以身
作則並且知人善用，
至終不僅順利完成使
命，更將其經驗與資
源擴及到其他各連及
單位官兵，協助執行
各項年度重大任務，
自然也獲得上級長官
的讚許與嘉勉。因此

葉上尉的領導管理作為實有許多地方，是值得身為一個軍事領導者探究與效法的。假若各級軍官幹部遭遇問題，都能調整心態，不要怨天尤人或者妄自菲薄，並且摒棄本位主義與落實通力合作，如此一來，目標之達成將絕非難事。所以，本文接著將從管理學理的角度來分析葉上尉解決問題，以達成任務的領導作為，期從管理理論與管理實務之結合與印證，提升軍校學生研讀管理相關課程的興趣，並且落實所學，將葉上尉視作榜樣，精進其管理領導能力。以下分為三點來說明之。

（一）落實管理程序（management process）

所謂管理（management），是意指協調他人之業務，有效率及有效能地完成工作的過程或程序（Robbins & Coulter, 2003）。至於管理的程序（或功能），則通常包含規劃（planning）、組織（organizing）、領導（leading）與控制（controlling）等工作。圖1列出四大管理功能的內容與涵義。

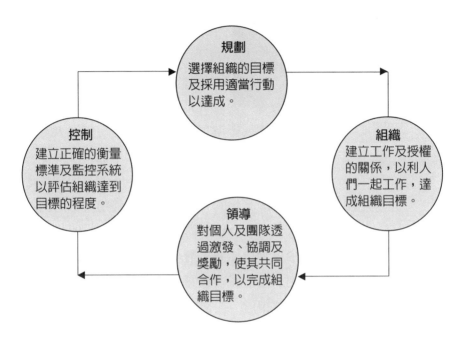

圖1　四大管理功能

資料來源：Jones,George & Hill著（2003），《當代管理學》，第8頁。

　　就葉上尉而言，在接獲任務以後，先確定
連隊完成擴編的目標，並且針對達成目標所遭
遇的營具不足、經費缺乏、官兵相處、紀律樹
立以及獎懲落實等問題，制定策略（strategy）
與計畫（plan）以積極完成任務，此乃第一個
管理功能——規劃的具體表現。至於第二個管

理功能——組織，葉上尉則律定出工作行程與任務分配，說明需要執行的工作項目，以及執行工作的人員。所以，該單位也就變成事事有人管，物物有定位，人人有定職。再者，說到第三個管理功能——領導，葉上尉表現的可圈可點。其不僅指引與激勵士官兵完成工作的方向與士氣，其知人善用的獨到眼光，以及建立溝通與化解衝突的能耐，則更令人刮目相看。最後，第四個管理功能——控制，葉上尉則具體表現在親自督察所有工作的執行情形，要求士官兵的回報，以確保工作均按計劃來實行。當然，其也協同幹部製作獎懲標準，並且落實考核，對表現良好的士官兵，必定給予獎勵；至於問題士兵，則積極處理其問題，以致年度內竟未肇生任何一件軍紀安全案件。

不過，這裡要強調的是——管理工作是不停止的循環運作。因此若在控制階段發現工作績效不佳，任務達成不順利，則必須回饋（feedback）到規劃、組織、領導與控制等管理

程序，找尋其是否爲目標訂定過高、工作分配不完善、衝突解決不徹底或是績效考核不落實等問題，再針對問題點，予以修正調整。在本案例中，最後也發生官兵以黑函向師部檢舉葉上尉的種種領導作爲。此時，上級長官營輔導長在調查完成後，就有一些調整的管理作爲。諸如當面嘉勉葉上尉，加強溝通與說明，穩定官兵情緒以及慰勞全連官兵辛勞等方式。如此一來，不僅化解此一危機，更加提升該連的團隊表現。

（二）樹立連隊單位組織的文化（culture）

所謂組織文化，是指一套組織的價值觀、規範和行爲標準，以及組織內各人和團體彼此互助、工作以達成組織目標的共同期望之控制方式。組織成員是經由潛移默化的過程，將組織的價值、規範與行爲標準，內化成其行動與決策的指導原則。當組織的文化在全體成員之間產生堅強的向心力時，成員們就會全力以赴，爲達成組織的目標而努力。再者，組織的文化可經由創始人的價值、社會化的過程、儀

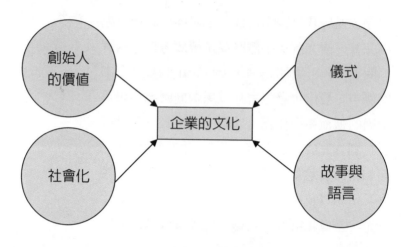

圖2　組織文化的創造因素

資料來源：Jones, George & Hill著（2003），《當代管理學》，第327頁。

式、故事與語言來傳遞給組織的成員（參閱圖2）。以下將分別就這四個形成組織文化的方式，說明本個案連隊之組織文化的樹立。

1.創始人的價值觀

就本個案的葉上尉而言，他是擴編後連隊的第一任連長，他個人的價值觀與信念，會深深影響連隊組織所發展出來的價值、行為規範與標準。例如：葉上尉不因其身體上的缺陷而妄自菲薄，反而勇於擔當重責大任。其以身作

則，面對問題，主動解決。在執行任務前，詳細規劃，運用團隊分工合作的精神，並且親自溝通以及落實獎懲考核制度。這些信念與領導管理作為，都會對幹部官兵產生影響力，並使其仿效與傳承。

2.社會化的過程

當組織成員彼此從相互往來中，學習組織的價值與行為標準，並且獲得有效執行工作的行為過程。例如在本個案中，葉上尉利用每一個集合的機會，以及每日召開的幹部會議，來說明與溝通工作行程和任務分配。使單位士官兵在社會化的過程，學習事事有人管，物物有定位，人人有定職的管理規範。此外，並在會議的研討中，使幹部學習與了解葉上尉處置危安人員的正確態度及重點。

3.典禮與儀式

組織的管理者可以透過典禮與儀式的正式活動，來認可與表揚成員的貢獻，以加強成員對組織價值的認定與向心力，進而營造單位組織的文化。以葉上尉而言，其訂定獎懲標準

後，一方面鼓勵官兵面對錯誤以及勇於改過，另一方面落實獎勵，對表現優異之士官，給予記功獎賞。再者，上級長官對葉上尉的傑出表現，除嘉勉肯定其辛勞，最終其還獲選國防部優秀官兵，這些都在加深士官兵對此連隊組織文化的向心力。

4.故事與語言

有關組織單位的英雄事蹟，可以提供成員價值與行爲典範的譬喻。所以，連隊單位對葉上尉楷模事蹟的描述，將正面強化國軍部隊所贊同與傳承的價值觀與領導風範。

（三）符合成功領導者的行為模式（behavior model）

成功領導者的兩種行爲模式——體恤成員與發動機制（Jones, George & Hill, 2003）。

1.體恤成員

意指領導者向成員表達信任、尊重和關懷的行爲。因爲葉上尉相信天生我材必有用，所以能接納所有士官兵。其以信賴與尊重的角

度，知人善用，使每位官兵發揮所長，適得其所。此外，並給予眞正的關心以及盡心協助部屬解決問題。

2.發動機制

意指領導者採取行動步驟，以確保工作完成、成員確實執行，以及達到組織效率與效能目標的行爲。在本個案中，葉上尉確實分派任務給適宜的部屬與士兵，並向其溝通與督導其工作執行成果，終能達成連隊之重大任務目標。

六、結論

葉上尉的案例，僅是部隊諸多成功案例的一個。或許有更多成就更甚、或超越於他的案例，相較下也許微不足道。可是，就如我們常說的：「平凡中見偉大」，當我們把格局放大、放寬，應能深切體認及同意，任何國軍的一份子都是國防工作的一顆螺絲釘，缺一不可；或許葉上

尉的獨特，就在於我們習慣「標準領導幹部模式」思維理則下，一個不是標竿的人，卻創造了自己與單位的「無限」可能，或許這就是我們要思考「將相本無種，男兒當自強」的眞正意涵。

一個連隊的主官，一個單位的組成，除了士兵就是幹部，其成功的遵循上級的要求，「教育士兵前先教育幹部」，成功的將幹部成爲得意的助手。部隊的成敗是環環相扣的，連隊的失敗也是全營的失敗，嚴重的話更可能成爲全軍的失敗，對於幹部的指導、糾正當然是必需的。但如果能替所屬想想，換個立場，採取不同的角度及處理方式，相信會造就更多成功的連隊。葉上尉或因個人的與人不同，所以從不放棄官兵，適才適所。此說明領導不一定是要全能的、最強的，反而善於運用組織與人才，擬定周全的計劃，也同樣可由官兵的成就來完成組織單位的目標。

總之，不要花招的管教、按部就班的要求及訓練，一樣可將部隊管理井然有序。長官接

受葉上尉的特質，肯定他的其他成就，造就了
全體的成就。相同地，我們也應該努力開發自
己的不同處，堅定信念、永不放棄，終能在其
軍事生涯中發光發熱。

七、參考文獻

1.Gareth R. Jones, Jennifer M. George & Charles W.L.Hill
　著，林溥鈞、宋玲蘭譯（2003），《當代管理學》，台
　北：美商麥克羅‧希爾國際股份有限公司，第325-
　329、464-466頁。
2.Robbins, Stephen P. & Mary Coulter著，林孟彥譯
　（2003），《管理學》，台北：華泰文化，第6頁。

第二篇　面對壓力　管理情緒

第5章

領導者的壓力管理

軍事幹部對工作壓力的管理

洪登南*、馬榮華**、江雪秋***

思考指引

　　壓力不一定有害，正面的壓力會讓當事人保持工作熱忱，提高任務執行之成效；但負面的壓力，則會造成工作效率降低，以及影響個人的健康。

　　軍人的角色本來就是一份「非常」的事業，無論任務與責任常會十分沉重。身為國軍基層幹部，會面臨不同程度的壓力是必然的。如何作好壓力管理，有效的紓解壓力，也就變得十分重要。除此之外，還要逐漸提升自身的壓力承受能力，從心理的準備度來增加抗壓能力，才是標本兼治的作法。

學習重點

1. 現代軍事管理者所扮演的多重角色。
2. 「時間管理」所產生的減壓功效。
3. 「紓解壓力」與「抗壓能力」的相輔相成。
4. 「壓力管理」與「情緒管理」的關係。

*陸軍軍官學校　化學系教授兼大學部部主任
**陸軍軍官學校　機械系助理教授兼招生小組組長
***陸軍軍官學校　政治系助理教授

　　每個人在成長的過程中，都會經歷各種不同的壓力，同樣是壓力，但卻可以區分爲正面與負面兩種。正面的壓力不但無害，而且還會讓當事人保持工作熱忱，提高任務執行之成效。至於負面或有害的壓力，則不但會造成工作效率降低，同時也會影響個人的健康。事實上，短暫的壓力不一定有害，但持續的壓力將會令當事人難以妥適。所以，如何辨識本身所承受的壓力是否有害，以及進一步調適工作壓力，對軍事領導幹部而言，也就變得極爲重要。

　　本文所列舉之個案，即在探討身爲軍隊基層幹部，爲何必須重視壓力管理，以及如何去判定自己壓力的來源，進而採取何種途徑去舒緩或消除本身所承受之壓力。

 **關鍵字：** 壓力、情緒

一、案例發生經過

　　X部X連年度械彈清點不夠確實，帳目與現料之間無法完全相符，營級督導參謀將該事件呈報營長知悉後，營長立即至該連實地了解狀況，事後發現僅是帳目上所產生之謬誤，實際之械彈數目並無短少，原來只是虛驚一場。

　　營長臨走之前，除教訓營級參謀督導檢查不夠細心之外，同時也指責連長近幾個月來，各項工作的執行上顯然不夠盡心盡力，不但部隊管理上有顯著的鬆懈，而且大小狀況頻傳。向來自我期許甚高的連長，由於就任兩年以來，不但從未被營長指責過，而且聽到的都是正面的肯定與誇獎。此次聽到營長的上述指責後，心中極不是滋味。

　　事實上連長本人，乃是希望自己再八個月任滿三年連長之時，能夠作進一步的生涯規劃，因而正在積極地準備即將到來之研究所考試，打算任連長期滿之後，能如願考上自己心目中理想的研究所。

因此，連長在近半年以來，花了部分精力來準備自己的研究所考試，對部隊的任務督導，的確沒有以往那樣投入，湊巧又遇到年度的械彈督導檢查，內心壓力著實非常大。偏偏今日又遭致營長的責難，連長所增添的壓力更是雪上加霜，除一方面擔心營長是否會對自己的工作執行給予肯定，然後才會核准自己報名

參加研究所考試之外，另一方面又掛念在部隊的繁重任務負擔之下，自己能否還有時間去複習功課，以自己目前的研究所考試準備情形，是否足以一舉考上心目中理想的學校。

由於內心各種錯綜複雜的壓力實在太大，以致在翌日，軍械士楊姓下士陪同連長進入軍械室，實施晨間械彈清點作業時，因連長發現「械彈清點記錄簿」中，前一日營長發現的缺失尚未更改，且軍械士未轉知安全士官，不可

擅自批示單位「械彈攜出繳回登記簿」之規定，遂要求安全士官將軍械室的大門關上後，在軍械室內對楊姓下士拳打腳踢。

二、牽涉單位

上述不當管教案例，由於當事人為連級部隊長，亦即就是連長本人所為，其所牽涉單位亦就斷非連級所能處置。因此，本案例反映至營部之後，營長協請營輔導長實施初步調查，在參閱整個調查報告後，營長覺得事態嚴重，除了一方面約見連長之外，另一方面立即請營輔導長向旅處長反映，自己亦以口頭向旅長提出報告。

旅長接到通報，與旅處長交換意見之後，經過初步評估，認為該不當管教案件，並未涉及生命與財產之損失，而為連長在高度壓力狀態下的管教不當事件。上述事件在旅部即可獲致圓滿處置，故沒有必要再向師部反映，於是協請旅處長前往處理。

三、相關單位狀況處理

　　上述案件反映至旅部之後，旅處長責成旅部監察官進行專案調查研究。監察官接獲命令之後，即會同營輔導長展開約談暨調查行動。監察官首先要求營級通知楊下士的家屬，陪同楊員前往公立醫院檢查，並開列驗傷證明文件。監察官會同旅部醫官詳閱驗傷報告後，陪同旅處長暨輔導長前往探視楊員。獲知楊員身體所受表皮之傷，大約在療養兩三天之後，即可完全復原，但心理方面的恐懼，則尚須作進一步之評估。

　　由於楊員所受表皮之傷並非甚為嚴重，故連長的不當管教案件，在刑責方面即有所減緩。旅、營級長官考量到連長平時之績效卓著，本次之不當管教事件，乃由於連長近期所承受

之壓力過重。經過多次人事評議委員會議後，議決給予連長記小過之處分。至於楊下士本人，則在皮肉之傷痊癒後，緊接著轉介至心理諮商中心，給予心理治療。

療程結束之後，經過詳細評估，楊員已有能力重返職位。爲考量到該連之爾後管教上的圓滿性，旅處長建議旅長，給予楊下士調離現職後，持續在其它單位服完役期。

四、問題癥結與分析

本案例剛開始的時候，只不過是任何陸軍基層部隊，每日皆會接觸的械彈清點問題，甚至後來引爆不當管教的導火線，乃是一本「械彈清點記錄簿」的填寫問題。然而案例演變下去，之所以會造成楊下士身心受到創傷，以及連長以記過收場的主要原因，可以綜整歸納爲以下三點：

（一）求好心切，得失心重

本案例中的連長角色，顯然是求好心相當

急切，而且又是一位得失心很重的軍事幹部。
事實上，身為國軍基層幹部，對於任務之執
行，求好心切是無可厚非的，但對於任務執行
的成效方面，則切忌不可得失心過重，以免在
工作推行上，雖然勉為其難地達成任務目標，
但卻可能因為巨大壓力之產生，導致言行舉止
之失控，最後失去部屬乃至同僚之間長久的向
心力。

（二）未建立正常管教心態

畢竟部隊裡面各項任務與工作的推行，乃
是像輪帶一樣連續不斷的，故長官與部屬，抑
或是同僚之間的感情，也必須能持之以恆地有
效鞏固。因此，各級幹部首要建立的觀念，就
是正常管教的心態，唯有導入正常管教的方
法，以及依法行政的現代法治觀念，才能減少
官兵之間的怨懟，乃至根絕家屬以及社會輿論
的不諒解，也才能符合現代的管理潮流與領導
趨勢。

（三）壓力過大，解壓能力不足

軍人的角色本來就是一份「非常」的事

業，身為國軍基層幹部，常會面臨不同程度的
壓力是必然的。在本案例中的連長，因為承受
部隊任務與個人進修的雙重壓力，在紓解壓力
能力不足的情況下，才動手毆打部屬，以致造
成楊下士身心受到創傷的遺憾事件。事實上，
不只是國軍幹部，乃至社會上的各種行業，皆
因面臨各種競爭而飽受不同程度的壓力。因
此，如何有效培養紓解壓力的方法與技巧，乃
是刻不容緩的事，本文後續單元會對壓力的產
生，以及有效舒緩壓力的方法與技巧，作更為
詳盡的論述。

五、管理決策修改與調整

（一）壓力的涵義與來源

　　根據Jones等人（2003）將壓力解釋為人們
面對重要的機會與威脅時，當對自己應付狀況
的能力不確定時，就會感受到壓力的存在。再
者，身為管理者，工作本身，企業組織與私人
生活等方面皆可能產生許多壓力的來源。案例
中的連長，其所面臨的壓力，部分來自軍事組

織的內部任務或工作，另一部分則來自其準備
報考研究所的私人事件。

論及壓力的來源，學者Rue & Byars（1998）
將常見的壓力來源細分為以下八種：

1. 工作不適：係指當事人未具備工作上所
   需求之技術與能力。
2. 衝突期望：組織期望與個人期望之間存
   在落差，因職位本身而讓當事人產生過
   多壓力。
3. 角色模糊：當事人欠缺了解本身之角色
   與定位，導致不知如何去有效執行份內
   工作。
4. 角色超載：在被允許時間內承擔太多的
   工作量，以致工作負荷量過重，可能因
   而導致體力的透支。
5. 恐懼與責任：當事人自我期望過高，感
   受到高成就感之壓力，深怕執行工作不
   利，甚至失敗。
6. 工作條件：工作環境不佳，工作條件受
   到侷限，或被分派之工作單調而重複。
7. 工作關係：係指上級主管與部屬之間的

人際關係，以及各單位間的聯繫與協調
關係不佳。

8.疏離感：當事人完全無法參與組織決
策，抑或是社會互動受到限制。

值得一提的是，Jones等人（2003）指出，
在工作場所中，最普遍存在的壓力來源分別是
角色衝突（role conflict）與角色負荷過重（role
overload）。就前者而言，因為管理者通常扮演
多重角色，例如明茲柏格（Henry　Mintzberg）
將管理者的角色分為三種類型：人際的角色
（interpersonal role），資訊者角色（informational
role）以及決策者角色（decisional role）。在扮
演這些角色時，管理者就必須
表現出某些特定行為。當這些
不同角色的行為間出現衝突與
摩擦時，管理者就面對角色衝
突的壓力了。舉例來說，當你
是一位基層管理者，並且同時
扮演單位內資源分配者的角色
時，你就可能面臨欲獎勵工作
表現優良之幹部與分配有限資

源的兩難抉擇之衝突。至於另一種壓力來源——角色負荷過重,則是指管理者必須承擔的工作責任與活動績效過多,當其負荷超過極限時,就會感受到高度壓力的籠罩。

　　至於本個案中連長產生壓力的來源,我們將其歸類為角色衝突所產生的壓力,亦即其面臨工作本身與私人生活角色之間失去平衡的結果。原先,連長對於軍中各項工作事務頗能勝任,表現優異。但是,在規劃個人生涯發展時,決定繼續深造,以求自我的成長,所以決定報考研究所。如此一來,連長一方面欲繼續保持工作上管理軍中事務之良好成效,另一方面又期望能有充足的私人時間,好好準備應考科目,以求順利考取研究所。因此,這雙重角色間的衝突壓力就應運而生。

(二)壓力造成的結果

　　一旦壓力形成之後,其無論是在生理上、情緒上、行為與工作方面,皆會對當事人產生一定之影響力,茲將所產生之現象綜整羅列出以下四點(鄭芬姬、何坤龍,2004):

1. 生理方面：偏頭痛、胃痛、起疹子、頻
   頻上廁所、臉紅、高血壓等。
2. 情緒方面：易怒、恐懼、焦慮、冷默、
   憂鬱、挫折等。
3. 行為方面：生活習慣改變、體重改變、
   逃避工作、行為衝動等。
4. 工作方面：品質降低、生產力減少、工
   作依賴與被動、缺乏創造力、易發生工
   作意外等。

以上所提及的某些現象，正好可以印證在
本個案中連長的角色上。尤其在行為表現方
面，其已經嚴重至對下屬施以粗暴的肢體動
作，該連長所受壓力之重，則可見一般。然而
必須說明的是，雖然過多的壓力不但會引起低
效率，同時也會影響個人的健康，然而適當的
壓力卻是絕對需要的，因為可以保持工作興
趣，有效避免工作或任務執行上的煩悶感覺
（高尚仁，1996）。易言之，個人身心能夠很快
調整，而且也可以在短時期之內加以適應或承
受壓力，可稱之為有益的壓力。相對的，有害
的壓力，則很難在短時期內加以調整與適應。

郭靜晃（1994）說明壓力與工作績效的關係，呈現倒鐘形或倒U型曲線（參見圖1）。

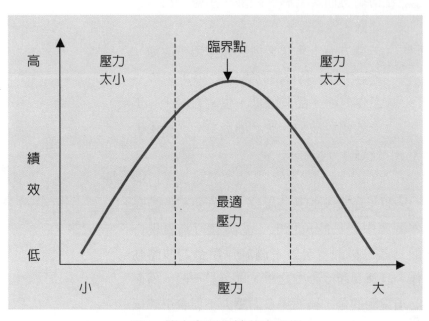

圖1 壓力與工作績效之關係

資料來源：改編自郭靜晃（1994），《心理學》，第285頁。

當壓力在臨界點以下時，由於壓力太小，個體表現得不夠機警，壓力高低就與績效優劣成正比。但是當其壓力超過此臨界點時，壓力愈是增加，因其對生理、心理與行為等方面造

成不良的影響，則工作績效將會與壓力呈反比，個體無論是工作績效，或任務執行力方面皆會大打折扣。個案中連長所承受的壓力，顯然已經超越臨界點，且已經進入壓力過大的區域，因而才會做出激烈的情緒反應。

（三）處理壓力的可行方法

　　由於壓力來源的複雜多元性，是故處理壓力的可行方法亦可能因人因事而有所差異，基本上可以大致區分為兩種：第一種是以問題為處理焦點（problem-focused coping）；第二種則是以情緒為處理焦點（emotion-focused coping），每一種處理方法的後面亦可進一步區分為若干細項，茲綜整相關內容如下（Jones, George & Hill, 2003）：

　　1.以問題為處理焦點

　　係指管理者採取行動時，直指壓力來源，在切入途徑方面又可進一步區分為兩個方面：

　　（1）時間管理（time management）

　　當管理者的工作量大，具挑戰性，甚至其間存在衝突時，善用時間的技巧就顯得特別重要。本案例中的連長，可以盡可能地將軍中每

一時間階段（每星期或每個月）必須完成的任務，依照其輕重緩急，難易程度等性質排列出來，將比較不重要與不緊急的任務分派給部屬去執行，並且估計每項任務所需完成的時間，

再依此規劃出每日的工作量。把軍中任務依照時間管理做好完善的規劃，既能提升執行的效率，也能確保任務完成之品質。如此一來，連長也就能安心地利用私人時間來準備報考研究所的相關事項。而且相同地，研讀應考科目時，也必須先做好時間管理。最後，在進行任何事務的時間管理規劃作業時，可以運用如甘特圖（Gantt Chart），PERT網路分析等規劃技巧（Robbins & Coulter, 2003）。

（2）向導師請求協助

當管理者面對壓力，遇到瓶頸無法處理時，就應該敞開心胸，向曾面臨類似問題的先進良師，請求指導與建議。舉例來說，案例中

的連長可以請教軍中有類似經歷的學長，如何
在繁雜的軍務處理與研究所的報告準備中，盡
量降低其衝突性，而能取得一個兩者兼顧的平
衡點。再者，求學時教授課業的老師們，也可
以提供其研究所準備方向，讀書方法等方面的
資訊與心得，俾使連長繼續進修之心願，能達
事半功倍之成效。

2.以情緒為處理焦點

意指管理者採取行動，處理自己的情緒和
感覺。以下介紹四種調適情緒上的處理策略：

（1）運動

運動是解除壓力的有效方法之一，個案中
的連長，其實就可以藉由慢跑、游泳或球類運
動，來舒展身心，增進身體健康，以更佳的體
力與精神來面對軍隊中之各種壓力。

（2）靜思

靜思所強調的是暫且拋開俗務，獨處於清
靜的環境中，心念集中在某些能讓個人內心平
靜的事物或視覺形象之中，或在內心默唸某種
超脫世俗的語詞。當然，也有不少人相信，可
採用練習吐納或氣功來消除壓力。事實上，只

要藉由放鬆技巧來減低體內交感神經系統的亢進，如漸進式肌肉鬆弛法、生物回饋法、冥想、坐禪、瑜珈等，即可達到降低壓力之效果。

（3）尋求社會支持

社會支持（social support）係指個體能夠信任，以及能夠期望得到幫助和關心的其他人之存在。易言之，個案中的連長也可以在壓力過大時，打個電話給曾經報考研究所，有此方面準備經驗的學長或同學來聊一聊。或者在單位找個比較談得來的人，傾訴內心情緒，藉由聊天互動，以有效舒緩個人壓力（Westen, 2000）。

（4）心理輔導（counseling）

若本身所承受之壓力實在過大，則可尋求心理諮商專家的協助。蓋因心理諮商中心不是只為士官兵所設的專屬機構，事實上任何階層的軍官幹部，以及個案中的連長，也不妨在心情不佳時，進去找專業的諮商人員聊一聊。因為藉由專業人員的協助，不但可以逐漸開放受到壓抑的情緒，也有助於澄清受困問題，有效舒緩或甚至解除壓力（劉焜輝，2004）。

六、結論

　　壓力對個人的生理、心理與行為皆有深遠的影響，身為軍事領導幹部，從事的乃是涉及國防安全的角色，隨時面臨非比尋常的壓力是必然的。因此，唯有認真地看待壓力的來源，探究壓力對自己所造成之困擾，進而採取最為適切之減壓方法或途徑，始能做好自身的壓力管理，並且為國家社會做更多的事情。

　　值得一提的是，由於軍事領導幹部們，其所從事的乃是非常性的角色，是故必須藉由各種組合型的軍事訓練，逐漸提升自身的壓力承受能力，從心理的準備度增加個體對壓力的抵抗能力，才是標本兼治的作法。

七、參考文獻

1.Jones, Gareth R., Jennifer M. George & Charles W.L.Hill 著，林溥鈞、宋玲蘭譯（2003），《當代管理學》，台北：美商麥克羅‧希爾國際股份有限公司，第405-407、408-410頁。

2.Robbins, Stephen P., & Mary Coulter著，林孟彥譯（2003），《管理學》，台北：華泰文化，第234-238頁。

3.Rue, Lesiel W., & Lloyed L. Byars著，吳忠中、傅篤顯譯（1998），《管理學》，台北：滄海書局，第404-405頁。

4.Westen, Drew著，孫景文譯（2000），《心理學》，台北：台灣西書出版社，第571-572頁。

5.高尚仁（1996），《心理學新論》，台北：揚智文化，第324-325頁。

6.郭靜晃（1994），《心理學》，台北：揚智文化，第283-285頁。

7.劉焜輝（2004），《輔導原理與實務》，台北：三民書局，第15-19頁。

8.鄭芬姬、何坤龍（2004），《管理心理學》，台北：新陸書局，第229-234頁。

第6章

領導者必須慎防情緒管理失控

蘇志成*、林　銀**、蕭惠卿***

思考指引

　　情緒是一種流動且易變的心理狀態，不但有正負向之分，且有強弱之別。有情緒並不可怕，無法管理自己的情緒才可怕。是故，身為現代的軍事管理者或領導者，落實情緒管理乃係必修的課程。

　　古人曾謂：「事緩則圓」。畢竟懲罰並非目的，而僅是一種導正不良行為的手段而已。事實上，身為現代的全方位軍官，必須審時度勢，掌握當代社會之變遷與脈動，從而在軍事管理上律定出「何者管與何者不管」的原則問題，以及「何時管與何時緩」的時機問題。易言之，當條件不成熟時，領導者宜暫且擱置問題，待當事人情緒穩定下來，且在觀念上有新轉變時，再選擇時機進行處理。

學習重點

1.情緒發生的順序，學界有何觀點。

2.情緒可進一步區分為那三或四種類型。

3.情緒管理與情緒壓抑的最大區別。

4.人際溝通與情緒管理之間的關係。

*陸軍軍官學校　管理科學系副教授兼系主任

**陸軍軍官學校　管理科學系助理教授

***陸軍軍官學校　管理科學系講師

　　每一個人都會有情緒（emotion），情緒是一種流動且易變的心理狀態，若一經表達出來，則變成心理學上所謂的情感（affect）。情緒不但有正負向之分，且有強弱之別。正向的情緒有喜、愛與樂之分，它會豐富我們的人生，為生活增添亮麗與精采。至於負向情緒則有怒、懼與哀之別，它常會讓人生蒙上灰暗，甚至將當事人帶入陰鬱的空間。

　　事實上，每個人一生中，總會不斷地關注生活周遭的重要人物，觀察他們如何表達形形色色的情緒，進而學習到自己哪些言行會受到歡迎，哪些言行則會受到一定程度之責難，進而不斷地調整自己在面對不同的情境時，能有適當地情緒反應。

　　身為現代的軍事管理者或軍事領導者，落實情緒管理乃必修的課程，但也不必刻意去壓抑個人之情緒。事實上，情緒靠壓制似乎不是一種標本兼治的作法。無論是正向抑或是負向的情緒，只要表現得恰如其份，同時又選對時機，就不致傷害自己或別人，而且可以被周遭

的人所接受，唯有如此，才能提高個人的情緒智力（emotional intelligence）。易言之，身為軍事領導者，若能適時地將情緒表達出來，絕對可以當一個情緒穩定，心理健康且生活經驗豐富的人。

　　本文所列舉之個案，即是在探討作為軍事管理者或領導者，對情緒管理應有之認知。

 **關鍵字：** 情緒、溝通

一、案例發生經過

　　某防空連適逢在屏東東港進行基地訓練，平常就很喜歡跟三五好友一起喝酒的陳姓士官長，在基地與友軍交際應酬方面，堪稱是如魚得水，於形形色色的酒桌上，幾乎從不缺席。某日，由於出基地（結訓）在即，且恰逢第二、三排各有一位弟兄在同一天生日，陳士官長在連續受邀參與慶祝生日之際，由於心情特別好，以致接連幾杯黃湯下肚，已頗有醉醺醺之感。陳士官長在參加連隊收假晚點名時，當

連長詢問到是否已將其上週所交付之任務完成時，陳士官長毫不假思索地回答說：「都快出基地了，現在最急的，並不是連長所交付的那些無關緊要的雞毛蒜皮任務，而是要趕快加強與友軍喝酒應酬，以利及時爭取最佳成績。」連長皺了一下眉頭後，反問士官長：「陳士官長，請搞清楚你的身份，我──連長叫你做甚麼，你就給我做甚麼，你到底在胡說些甚麼啊？」未料，士官長可能因為飲酒實在過量了，毫不假思索地就狂傲地回答：「我說呢……我下過的基地次數呢，比連長肩膀上的三條槓還要多。所以，你……連長只要授權給我就行了，我非常清楚地知道，所謂下基地的重點在那裡，重點就是喝…喝…喝……」

這回可真的是把連長給惹得生氣了，於是當場對著陳士官長怒斥：「士官長！你真是給臉不要臉，平常散漫就算了，竟然還在公開場所出盡洋相，當心我以你頂撞上官之罪行，將你移送法辦！」此時，士官長似乎也豁出去了，竟然回

答：「你…要怎麼辦我，就隨便你啦！反正我就是不怕。」站在連隊前頭的輔導長實在看不過去了，於是對著士官長大聲說：「陳士官長！不得無禮！」士官長無所謂地打了一個酒嗝說：「我哪有？」這下子連長氣得滿臉通紅地說：「安全士官！過來將這名醉漢押走。」擔任安全士官的小明，平常對陳士官長即十分敬畏，這回遇到士官長喝醉酒在鬧情緒，更是認為得罪不起，但對於連長的命令又不敢違抗，於是縮頭畏尾地走到士官長旁邊低聲說：「士官長！我扶您下去休息喝口水好嗎？」士官長將視線目標轉向失魂落魄的安全士官說：「你膽敢碰我試試看？看我將來怎麼『照顧』你這沒情沒義、沒心沒肝的傢伙！」

　　連長看安全士官只愣在一旁，於是又大聲吼叫：「值星官！快把這鬧場的傢伙給帶走！」剛從官校正期班畢業，下部隊才三個月的少尉值星官，由於從來沒看過這種場面，先愣住在一旁，聽連長一叫，馬上回神過來，急忙找了三、四個平時與士官長交情不錯的班長，連哄帶騙又帶拖地將陳士官長架走，以免場面再持

續擴大。臨走之前，士官長嘴巴還一直沒停下來抱怨過，內容無外乎他是如何辛苦與無辜，不斷強調自己完全沒有錯，且不滿自己無法獲得最起碼的諒解，更遑論獲得應有之肯定。至於還在暴跳如雷的連長，則仍在部隊前持續訓話長達一小時之久，其所訓誡的內容，無外乎是要告誡其他軍士官幹部，絕對不可學習陳士官長長期以來的壞榜樣。

二、牽涉單位

上述情緒管理不當的事件，衍生出諸多軍事倫理的問題，不但影響到單位內部的領導統御，更會危及單位的團隊向心力。由於事件並未在第一時間內作有效之處理，致使狀況擴張至已非連隊主官（管）所能獨立解決。是故，連輔導長在獲得連長的認可下，依循政戰系統反映至營級主官（管）。

至於營級單位的各級長官，則鑒於事態已經擴大到有必要讓上級長官知曉，故又轉而將此一情緒管理不當的事件，反映至指揮部。指

揮官在初步聽取案情後，相當
重視此一情緒管理失控，以致
危及主官領導威信的案件。經
過一番評估後，認為此一事件
在指揮部層級，即有能力善加
處理，再也沒有必要反映至上
級長官。但仍認為正值該防空

連隊進基地的關鍵時刻，勢須採取果決之行
動。於是，立即請政戰主任派遣監察官前往東
港基地，實地調查整個事件之前因後果，作為
爾後事件處理之依據。

三、相關單位狀況處理

　　在整個事件調查過程中，營輔導長可謂是
始終不離地全程陪同調查，同時還在行程中，
多次借用時間對連隊實施精神講話，並且實施
軍法案例教育，希望大家在基地訓練的最後關
鍵時刻，努力爭取基地期末測驗之佳績。

　　指揮官及政戰主任看完由東港基地帶回來
的調查報告後，始由調查報告中發現，陳士官

長的嗜酒習慣由來已久,大約由其晉升上士之後,即與酒精結下不解之緣。而且在其長達七、八年的嗜酒成性生涯中,幾乎平均每半年就會有一次因喝酒而誤事的記錄,只是沒有任何一次事件像本次一樣嚴重而已。

不過,最引起指揮部長官注意的是,在陳士官長的酗酒生涯中,其實至少也有四次應當反映至指揮部層級的事件,然而不但完全未反映至指揮部,竟連營級長官皆未接獲相關事件的反映,完全被連級以息事寧人的方式處理之。上述案件在此任連長交接後半年內亦曾出現一件,情節大抵是陳士官長喝酒過量後,與中尉輔導長的頂撞事件。

於是,指揮官在與政戰主任及參謀主任等交換意見後,接受人事科科長之建議,逐級召開「士官評議委員會」,有效釐清陳士官長的犯錯類型,並且將相關調查報告暨會議記錄建檔存查。

經過綜整分析逐級召開的「士官評議委員

會」記錄資料之後，指揮官在人事科科長的建
議下，給予陳士官長記大過乙次之處份，並且
達成共識，在該防空連順利出基地後，將在指
揮部分別召開軍、士官層級的領導統御座談
會，期能及時導正偏差的領導統御觀念。最
後，指揮官為累積基層部隊管理之實務經驗，
裁決要將上述事件的處理始末編印教材，作為
未來軍事管理，或軍士官幹部之情緒管理個案
教育資料。

四、問題癥結分析

　　概括言之，上述情緒管理失控案例，可以
說完全是因陳士官長喝酒誤事之後，才會造成
難以善後之場面。然而身為現代化的軍事管理
者或軍事領導者，在不能完全排除「因」的前
提下，有必要去懂得如何善後，或者說如何去
善「果」，亦即要具有情緒管理之基本能力，
且要能隨時防範與因應，避免類似情緒管理失
控之事件發生。關於上述案例之問題癥結，可
從以下幾個方面進一步分析探討：

（一）法紀觀念鬆懈

陳士官長的嗜酒生涯已長達七、八年，幾乎平均每半年就會有一次因喝酒而誤事的記錄，可見其因喝酒而誤事，已經不是第一次。然而，上述違紀事件，卻從未呈報至上級，讓部隊長知道，每次均被連長以姑息方式處理之，可見該連隊在軍紀維護方面，已有需要加強之必要。

除此之外，在人際往來之主觀認知上，陳士官長始終認為，要爭取基地訓練的好成績，必須要與友軍裁判打好人際關係，除了喝酒之外，別無其它任何方法。顯示出該單位無論是在軍事倫理，抑或是在內部管理方面，都必須再加強教育。

（二）溝通方式不當

個案中的溝通不當，表現在兩個層面，首先個案連隊採用「過濾作用」（filtering）的方式進行溝通，此種溝通方式的主要特點，係指資訊傳遞者為避免接收者不高興，故意在傳送

訊息時，變更內容或過濾資訊（郭靜晃，1994）。雖然「過濾作用」的溝通方式，通常是發生在部屬對長官的應對上，但在本個案中，由於陳士官長在連隊的經歷較久，故連隊幹部對其溝通時，總會不由自主地陷入「過濾作用」中。因此，雖然陳士官長飲酒過量後，以言詞頂撞連長的事件，堪稱是其來有自，而且類似事件也曾經在數個月前發生過，即陳士官長喝酒過量後，與連隊中尉輔導長的言詞頂撞事件。然而單位內的各級幹部，總是為維繫彼此的感情，或是礙於彼此的情面，一直以前述的「過濾作用」溝通方式，來處理士官長之行為失當，導致陳士官長多年以來，不但未受到應有的懲罰，亦未受到該有的責難，故始終未能從錯誤的言行中，學習到應有的經驗與教訓。

其次是個案中的士官長，在與連長溝通時，採取了價值判斷（judging）的溝通方式，此種溝通方式係將與對方所溝通的事物，任意貼上標籤，或給予刻板的印象與認定（沈介文、陳銘嘉、徐明儀，2004）。個案中的士官

長，即以先入爲主的觀念，認定連長不但不體恤自己的辛苦付出，還對自己存有成見，並且又在心中斷定連長根本就不懂基地事務，而且還專門在找自己的碴。

（三）人格特質使然

陳士官長一直到被「拖」下去之前，仍不斷強調自己完全沒有錯，而且是如何的辛苦與無辜。從心理學上來分析，陳士官長在人格特質（personality trait）上，屬於美國當代心理學家羅特（Julian Rotter）所謂的外制控信念型（external locus of control）人格，他與內制控信

念型（internal locus of control）人格最大相異之處，在於外制控型人格遇到任何大小不如意事情時，十之八九都會宣稱是別人的錯，而且自己完全是如何的無辜與不被諒解等（張春興，2004）。

（四）情緒管理欠佳

士官撤離之後，連長不應該持續在部隊前以忿怒語氣訓話，而且訓誡的時間長達一小時之久。因為，最主要的犯錯者為陳士官長本人，不應當將不愉悅的情緒轉移，甚至連累到其它無辜的士官兵弟兄。

除此之外，身為現代化的軍事領導者，切忌不要以斷章取義，或以偏概全的方式來面對軍事管理問題，如此做會倍增問題的複雜程度。因此，連長也不應當獨斷地告誡其它軍士官幹部，不可學習士官長「長期以來」的壞榜樣，而應改為「今天的壞榜樣」，甚至最好直截了當地說成「今晚的壞榜樣」。

五、管理決策修改與調整

　　個案中連長與陳士官長之間，所發生的言詞頂撞事件，除了領導風格的異質性、軍法紀鬆懈，以及溝通不良之外，亦有部分原因是當事人雙方，在壓力管理的能力上，有明顯不足之處。有關壓力管理的詳盡內容，可參閱本書有關「壓力管理」之個案內容。本文僅由情緒管理的面向切入，來探討相關之管理策略調整：

（一）了解不同情緒之特性

　　情緒是一種主觀且複雜的心理歷程，其定義隨著不同學派而有所差異，迄今尚無一完整理論，可以完全涵蓋解釋。這裡先從心理學的角度來說明。美國心理學家詹姆斯（James）是近代最早對情緒變化提出系統性解釋的學者，他在19世紀末期，提出情緒發生的順序是：「知覺」產生「身體變化」；「身體變化」又再產生「情緒反應」。幾乎在同一時間，丹麥生理學家朗奇（Carl Lange）也提出類似的理論，所以學界後來就將兩人的理論合而為一，

稱之爲「詹朗二氏情緒理論」（James-Langes theory of emotion）（Westen, 2000）。

其次，以行爲論的角度來探討，知名心理學者葛林伯（Rice Greenberg）將情緒概分爲四類：原始情緒（primary emotions）、次級情緒（second emotions）、工具式情緒（instrumental emotions）與習得的不適應情緒（learned maladaptive primary responses）。原始情緒是指個人面對情境立即產生的直覺反應。次級情緒是對於原始情緒，經過思考後，產生的次級反應，藉以掩飾或隱藏原始情緒，它常會模糊原始情

緒的產生過程，也常是原始情緒不為個人所接受，進而所衍生的情緒反應。工具性情緒係指為影響他人，或為達成某種目的而所作出的情緒反應。例如：小孩犯錯時，為博得大人原諒，刻意採取無助、哭訴反應。至於習得的不適應情緒則係指個人當初因環境需要，而習得的情緒類型，但當時空轉移與環境變遷，原來的情緒表達即使不再適用，卻仍持續被其使用。例如：小時受過災難而產生冷漠無助感的人，直至長大後，仍持續保持冷漠無助感（蔡秀玲、楊智馨，1999；李選，2003）。

下列以行為論的角度，分析說明本案例所涉及的情緒內涵。個案中陳士官長在連集合場，對連長的情緒反應屬於原始情緒，因為那是陳士官長飲酒過量後，在毫無掩飾與思考之情境下，所產生的立即性與直接性的情緒反應。至於連長的反應則屬於次級情緒，因為那是連長對原始情緒思考後的次級反應，亦是原始情緒不能為個人所接受而衍生的情緒反應。身為軍事領導者，應極力避免有以上兩種情緒的反應，勿因管理失控，進而影響到長官與部

屬，乃至同僚之間的關係。

（二）依據人格類型調整溝通策略

舉凡從事意見溝通時，必須針對溝通對象的人格類型，慎選溝通的策略，唯有如此，才能達到事半功倍之成效。我們可以由個案中發現，陳士官長在人格類型上，屬於外制控信念型人格。

陳士官長無論是在理性處理事件方面，抑或是情緒管理方面，所表現出的能力都明顯不足。所以，在與其溝通時，必須曉以大義，平時對事情就要說清楚、講明白，不可採取前述「過濾作用」的溝通方式。除此之外，由於陳士官長對事件處理的理性能力不足，故在與其溝通時，還必須獲致其內心深處的認同感，否則在互信基礎薄弱的前提下，斷難獲致良性的溝通。

（三）強化情緒管理能力

雖然個案中連長的角色，在理性程度與情緒管理方面的表現，均比陳士官長來得好。但

終究未能全盤掌控整個場面，且在陳士官長離開之後，持續在部隊前以無比忿怒的語氣，實施長達一小時的精神訓話。由於主要的犯錯者為陳士官長，而非其它無辜弟兄，身為領導者絕不能因少數人的個人過失，而遷怒於全體弟兄。

因此，未來連長仍有必要積極加強本身情緒管理的能力，意即應適時採取必要行動，以有效處理自己的情緒與感覺。至於情緒管理的方法，首先就是要清楚自己當下的感受，認清引發情緒的理由，然後再找出適當的方法，來

紓解或表達情緒，一般可歸納爲以下三個步驟
（蔡秀玲、楊智馨，1999）：

　　第一個步驟是問 "WHAT" ──我現在有
什麼情緒？因爲從事情緒管理的第一步，就是
要先能察覺（aware）我們自己的情緒，進而接
納（accept）自己的情緒。唯有如此，才能經
由認清情緒，而有機會去掌控它，也才能進一
步爲自己的情緒負責，而不會被情緒所左右。

　　第二個步驟是問 "WHY" ──我爲什麼會
有這種感覺（情緒）？諸如問自己爲什麼生
氣？爲什麼難過？爲什麼覺得有挫折感？爲什
麼……？唯有找出原因，才能知道自己的反應
是否正常，也才能對症下藥。

　　第三個步驟是問 "HOW" ──如何有效處
理情緒？試著想想看，可以用什麼方法來紓解
自己的情緒，以及平常自己心情不好的時候，
自己都怎麼辦？什麼方法對自己比較有效呢？
或許透過深呼吸、肌肉鬆弛法、靜坐冥想、運
動、到郊外走走、聽音樂、看電影等等活動讓
心情平靜。除此之外，也可以試著找人聊聊

天、塗鴉、用筆抒發情緒等方式來宣洩，甚或
換個樂觀的想法，來改變心情等，都是可以嘗
試的情緒處理方法。

（四）律定何時管與何時緩

除了上述的情緒與人格類型區分之外，事
實上身為現代的軍事管理者或領導者，必須審
時度勢，掌握當代社會之變遷與脈動，從而在
軍事管理上律定出「何者管與何者不管」的原
則（rule）問題，以及「何時管與何時緩」的
時機（timing）問題。易言之，當條件不成熟
時，領導者宜暫且擱置問題，待當事人情緒穩
定下來，且在觀念上有新轉變時，再選擇適當
時機進行處理（鄭芬姬、何坤龍，2004）。

首先在原則方面，本案例中之連長，事實
上可在個案發生之前，乃至事態擴大之前，即
訂出自身之管教原則，例如此原則可能是：
「連長對於以下三種類型的人，在他犯錯的時
候，我不會當場懲處他：第一種是喝醉酒的
人；第二種是生重病的人；第三種則是情緒不
穩定的人。」如果有上述之原則，則可有效避

免連長與神智不清的陳士官長對峙的窘境。

　　值得一提的是，第一個原則的確立，並不表示以上三種人在犯錯的時候，將不會受到任何追究，而可以逍遙法外，這是任何軍事領導者或管理者所不能接受或認同的。事實上，緊接著的第二個「何時管與何時緩」時機問題，即在說明「管」與「緩」兩者之間的關係。古人曾謂：「事緩則圓」，畢竟懲罰並非目的，而僅是一種導正不良行為的手段而已（戴國良，2004）。就本案例而言，若連長或士官長能在事發當時，有「緩和」的機制，在暫緩追究的過程中，能夠廣泛收集人證、物證與事證，作為陳士官長酒醒之後，依國軍內部管理規定或相關法規追究其過失之依據，則一定可以在有效避免衝突的前提下，成為單位軍事管理與領導的成功案例。

六、結論

　　身為現代軍事管理者或領導者，應提升自我的認知能力，培養敏銳的觀察力與分辨力，

進而能應用適當的情緒反應，來置身於各種複雜的情境中，以防因情緒失控，而在人際關係、家庭生活或部隊管理上產生問題。而在負面情緒產生的時候，必須先學習與其和平共處，且要盡可能地了解負面情緒之起源及相關內容，進而分析情緒困擾問題之類型，再對症下藥，予以解決。有時亦可藉由時間的拖延，減緩或消除負面情緒可能衍生的其它效應。事實上，不管要解決那一種問題，當事人所要做的第一件事情，就是先行察覺，同時還要承認自己已有情緒困擾的問題。如果當事人無法察覺到自己有問題，就會誤以為自己根本沒有問題，也就更不會覺得需要去解決什麼問題了。

晚近精神分析學理論逐漸強調，大部分的人都有與他人溝通的強烈需求，因此，身為管理者的國軍幹部，必須常常提醒自己，當遇到情緒不穩時，可以找朋友、同事、親戚、家人，以及相關輔導專家談一談，這是一種最基本的情緒管理技巧；有時僅是見個面，或簡單地談幾句無關痛癢的話，也具有緩和與撫平激動情緒的效用。

七、參考文獻

1.Westen, Drew著，孫景文譯（2000），《心理學》，台北：台灣西書出版社，第524-525、571-572頁。

2.李選（2003），《情緒護理》，台北：五南圖書，第38-39頁。

3.沈介文、陳銘嘉、徐明儀（2004），《當代人力資源管理》，台北：三民書局，第354頁。

4.張春興（2004），《心理學概要》，台北：東華書局，第284-286頁。

5.郭靜晃等著（1994），《心理學》，台北：揚智文化，第453-454頁。

6.蔡秀玲、楊智馨（1999），《情緒管理》，台北：揚智文化，第22、176-177頁。

7.鄭芬姬、何坤龍（2004），《管理心理學》，台北：新陸書局，第353頁。

8.戴國良（2004），《人力資源管理──企業實導向與本土個案實例》，台北：鼎茂圖書，第367-368頁。

第三篇　操控時代新科技

第7章

正確處理資訊的方法
建立網路資源分享的正確認知

朱文章*、周維婷**、蔣志祥***

思考指引

　　資訊時代的快速進步及成長，電腦已成為當代獲得資訊不可缺少的工具，而在軍中運用電腦執行各種類型任務的情形，已是非常普及。由於軍中大部分資訊具有機敏性，如何建立使用電腦應有的正確認知及習慣，以及如何在安全的環境下使用電腦，以避免駭客有機可趁而洩露軍機，是我們在軍旅生涯中必修的資訊課題。

學習重點

1.了解資訊安全常見違規事件，以免重蹈覆轍。
2.了解資訊安全作業規定，養成良好電腦作業習慣。
3.認識有相關的電腦刑法，避免觸法。
4.建立正確資訊安全個人防護措施。

＊陸軍軍官學校　電算中心主任
＊＊陸軍軍官學校　電算中心中校參謀官
＊＊＊陸軍軍官學校　管理科學系助理教授

　　隨著知識經濟時代的來臨，以及資訊技術快速的發展，造成網路的蓬勃成長，網路已成為國防事務管理、運作必備的工具。但E化結果，卻對國防機密維護產生重大挑戰，尤其未來戰爭型態必然是數位化、資訊化的戰爭，而主宰戰場勝敗的就是資訊戰力；國軍官兵在享受電腦與網路便利之餘，應深思到「水可載舟，亦可覆舟」的道理，故尤其應該以「安全」為優先考慮，絕不可輕忽潛存的危機。

（關鍵字：資訊安全、保密

一、案例發生經過

　　本軍X學校X中校，剛由野戰部隊任滿營長後，輪調回學校擔任參謀官，X中校天性樂觀積極，個性隨和，與同僚相處極為融洽，平時工作認真，有守有為，各項工作之執行皆能獲得各級長官一致之肯定。

　　由於X中校在野戰部隊期間甚少接觸電腦，故其在資訊管理之能力方面稍嫌薄弱，但

本著其好學好問之態度，各項電子文書之作業
尚能在預定時間內完成。

　　X中校天性樂觀且擅長與同僚互動，常會
在使用國軍網路與同僚交換心得與資料。某
天，X中校突發異想地認為，與其常常交換資
料不如開放資源共享，不但可以節約程序與步
驟，且能達到及時分享，以及各取所需之目
的。基於上述目的，於是X中校即私自將兩份
公務資料開啟「資源分享」。經
過數日後，校部接獲國防部的
糾舉，在糾舉中聲明必須儘快
察明真相。

　　校部監察官接獲糾舉後，
立即展開調查暨約談行動，經
查調後X中校在國軍網路上所分
享之檔案，雖然並非屬於「機
密」性文件，且亦未因此而肇生洩密情事，惟
因X中校未恪遵國軍個人電腦管制使用規定，
以及依據「國軍官兵（聘雇人員）違反保密規
定行政懲處標準表」之規定，給予X中校記申

誠之處分。

二、牽涉單位

由於X中校剛從野戰部隊任滿營長後輪調回學校單位服務，未熟諳相關資訊安全管制作法，致違犯個人電腦使用規定。此一案例涉及學校單位內的資訊部門，是否依規定實施例行性的資訊安全講習，以及是否加強宣導資訊洩違密方面的案例。

除此之外，單位內之保密軍官及資訊官，必須經常督導與管制單位內之資訊安全作為，並且不定期檢查單位個人電腦使用狀況，嚴禁在任何時候開啟「資源分享」之功能。

三、相關單位狀況處理

本案件爆發之後，該單位之校部監察官即依據陸軍總部頒「本軍個人電腦資訊安全防護作業規定」，實施專案調查作業，同時更加強宣導嚴禁任意開啟「資源分享」功能，落實國

軍資訊傳輸安全。

　　事實上各單位凡發生通信與資訊安全違規案例時，視情節輕重，除必須依據國軍及國家法規辦理懲處之外，並且應該在案例發生後三日內，將缺失檢討報告（包含案情摘要、事發經過──人事時地物、處置情形、精進措施等）呈報總部核備。由於本案例之資源分享項目僅為一般性文件，未涉及機密性公文資料，故在實施糾舉與專案調查後，除對所屬加強宣導「國軍通資安全常見違規事件暨注意事項」之外，更置重點於內部稽核，保密器清點與管制、電信監察、實體隔離、漏洞修補、病毒碼更新等執行情形。單位內之通資及保防部門亦展開對所屬網域實施資源分享掃描，以維護資訊網路安全。至於X中校本人則在案件調查後，經過多次之會議議決，給予記申誡以上之處分。

四、問題癥結與分析

　　「資源分享」在區域網路當中是相當頻繁

的一種行為，相對的安全問題亦非常重要，近來由於Win9x、ME之資源分享驗證機制出了問題，造成使用者可藉由不斷輸入不完整之密碼而得到正確密碼，進而取得資源分享權限，所以使用者除了需注意所設定密碼外，更不能忽略系統漏洞所帶來之破壞。而本案X中校違反資訊安全規定，開啟常態性「資源分享」，且未設置密碼，肇致資料輕易地遭人獲得，雖業管單位曾多次於各項會報及軍官團教育中宣導，並且至各單位實施輔導檢查，惟當發現缺失時，僅口頭勸導方式告誡，成效有限，才會造成有人以身試法的不當情事發生，故就上述問題所發生的主要原因分析如下：

（一）未建立資訊安全正確認知及相關法令

X中校由於專心於個人業務上，而疏於資訊安全相關作業規範及法令的認知，進而以身試法而不自知。

（二）貪圖一時之便利性

網路的便利性往往令人又愛又恨，因為它方便及快速造成使用時的便利性，但另一方面

網路上常有許多惡意的駭客在等著你，常因使用不當而產生莫大的隱憂。

（三）業管相關單位未落實具體管制作為

該X中校業管資訊部門，雖有發現該缺失產生，僅以軟性口頭勸導，而未採取更一步具體管制作為，造成使用人員漠視資訊安全的行為產生。

五、管理模式分析與調整

看完以上描述，我們可以很清楚知道X中校不小心觸犯資訊安全作業規定，其主要肇事原因為不明瞭相關作業規定及貪一時之便，而造成現今後悔莫及的情事發生，所以，有些事情你一定要知道：網路的「資源分享」一但開啟之後，除了給予你想分享的資料外，也讓你一些不想與人分享的資料，給不小心分享出去，因為你的「資源分享」讓你電腦門戶大開，而使駭客有機可趁，故以下的資訊你一定要清楚，才能減少你資料外洩的風險。

（一）不當資源分享設定

美國電腦網路危機處理／協調中心（CERT/CC）發現越來越多在 Windows 2000及XP的作業系統上的入侵活動，是由於不安全的「資源分享」設定。進而造成電腦管理者的密碼被破解，因而整個系統都變得可疑，以這種高權限的存取等級，入侵者可以：

1.執行遠端控制刪除資料。

2.當作跳板攻擊其他站台。

另一個影響是易遭受到病毒的侵害，例如Lovegate、 Femot及 Bugbear等，目前已有單位電腦受到影響，這幾種電腦病毒散播的共同特徵，除了利用e-mail外，也會透過微軟windows作業系統（win98、win2000）的資源分享感染網路上其它的電腦，尤其是電腦未設登入密碼或是密碼過於簡單，如1234、admin、root、abcd、1111等，故要關閉不必要的「資源分享」（雖然「資源分享」是一個很方便的工具）。用

戶可以經過公司或私人內部網絡傳送檔案及分享列表機。但「資源分享」也給你的電腦打開了一道後門。駭客可藉由網路到你內部「資源分享」去下載或刪除檔案。所以，最好是刪除或停止不必要的分享（鮑友仲，2001）。

（二）常見資訊安全違規事件

　　除了「資源分享」違規事件，在此並列舉出營區內資訊安全常見的違規事件，以供您作為引誡：

1. 未經許可開放「資源分享」功能；奉准開放「資源分享」功能，未設定密碼保護；資料夾內存有密級（含以上）資料未加密儲存；密級（含以上）資料傳送未加密，例本案中的X中校即犯了該條文。

2. 資訊媒體（含磁片、磁帶、硬碟、光碟、記憶卡片、拇指碟、其他儲存裝置等）或各類型具有儲存功能之設備（如PDA、數位相機、數位錄音機、翻譯機、行動電話、讀卡機等）未指定專人造冊管制、未張貼管制標籤，保密軍官未實施稽核檢查（如數量清點、儲存內

容檢查)。

3.未因特殊任務且經奉准,而將私人電腦及週邊設施資訊媒體攜入營區使用。

4.資訊系統與通資網路之設備、電腦,未設定開機密碼、螢幕保護密碼、存取密碼,原廠預設帳號、密碼未更改。

5.電腦未裝防毒軟體或防毒軟體未更新至最新病毒碼(定義檔)。

6.電腦作業系統、資安系統、網路設備、各種套裝軟體、應用系統、瀏覽器等漏洞未修補至最新。

7.未經核准擅自連接網際網路(Internet)。

8.網際網路(Internet)搭接國軍資訊網路者;或國軍網路與網際網路共用主機者。

9.行政網路與學術網路,未能實體隔離。

10.全球資訊網網站伺服器之檔案傳輸協定(FTP daemon)及遠端登入(Telnet daemon)功能未摘除。

11.部份電腦有內建未使用之數據卡應予拔除。

12.違反規定使用無線區域網路者。

13.在FTP資料區中，存有分類保密資料，未設定通行密碼保護且未採取加密處理者。

14.單位網站公布分類保密資料者。

15.單位伺服器之存取權限設定不當。

16.人員離職或調職時，未取消或調整使用權限。

17.個人或單位未經核准私設網站或電子佈告欄。

18.在網路散播或公開違反善良風俗之暴力、色情、猥褻、詐欺及詆毀個人或單位名譽等相關文字、圖片、聲音、影像等不法或不當之違反內部管理或軍紀要求的資訊。

19.電子郵件使用人員於發送信件時，未註明發信者單位姓名及聯絡電話。

20.連外電腦（含教官、教授）與系統，違反規定處理軍事、公務業務。

（三）相關資訊安全作業規定

　　除了知道營區內常見資訊安全違規事件外，我們便要開始明瞭其相關作業規定，以避

免違規情事的發生：

1. 國防部88.05.29令頒「國軍保密實施規定」〇九〇一七之八：「各資訊作業平台之『資源分享』功能，應予嚴格管制，未經許可不得開放」。

2. 國防部90.11.09令核「國軍資訊網路偵測體檢暨安全漏洞掃描指導計畫」：「個人電腦應按規定存放分類保密資料及開啓『資源分享』功能，並使用加解密軟體加密及設定密碼防護」

3. 「對個人電腦資料夾、磁碟機之『資源分享』權限，不得設爲『任何人』或『網路使用者群組』可寫入或執行之權限」。

4. 「網路使用者禁止將個人所使用之電腦資料設定爲常態『資源分享』，若有需要『資源分享』時，宜設定密碼及存取權限，並採動態方式爲之，於交換完資料後，應將『資源分享』功能取消，以防機敏資料外洩。」

（四）刑法的認識

另對於電腦使用時相關的刑法也應注意，

現將部份較重要摘舉如下：民國92年，刑法修正案新增「第三十六章　妨害電腦使用罪」：

1. 第三百五十八條　無故輸入他人帳號密碼、破解使用電腦之保護措施或利用電腦系統之漏洞，而入侵他人之電腦或其相關設備者，處三年以下有期徒刑、拘役或科或併科十萬元以下罰金。

2. 第三百五十九條　無故取得、刪除或變更他人電腦或其相關設備之電磁紀錄，致生損害於公眾或他人者，處五年以下有期徒刑、拘役或科或併科二十萬元以下罰金。

3.第三百六十條　　無故以電腦程式或其他電磁方式干擾他人電腦或其相關設備，致生損害於公眾或他人者，處三年以下有期徒刑、拘役或科或併科十萬元以下罰金。

4.第三百六十一條　對於公務機關之電腦或其相關設備犯前三條之罪者，加重其刑至二分之一。

5.第三百六十二條　製作專供犯本章之罪之電腦程式，而供自己或他人犯本章之罪，致生損害於公眾或他人者，處五年以下有期徒刑、拘役或科或併科二十萬元以下罰金。

6.第三百六十三條　第三百五十八條至第三百六十條之罪，須告訴乃論。

（五）建立正確防制措施觀念

1.資料提供者於使用網路資源分享時應限定使用者及密碼，因為病毒工具會利用不當的或空字串的密碼來入侵以及繁殖，因此妥善設定您的密碼可以避免您的系統遭到入侵。

2. 對於WINDOWS 95、WINDOWS98系列之作業系統，可執行由微軟公司提供之密碼安全更新程式防堵已公開之系統漏洞，改正已知的安全問題。

3. 區域網路與區域網路間之介面以防火牆隔離。

4. 建議平常不要使用網路資源分享，若需大量或即時交換資料時才打開分享功能，用完後立刻將其關閉，即可避免因「資源分享」造成洩違密事件。

5. 執行防毒程式：雖然入侵者會持續去改進攻擊中所散佈的惡意程式碼，但是大多數的防毒軟體廠商會釋出升級資訊、工具程式或病毒碼資料庫來幫助我們偵測以及被入侵後的復原。因此，請確認您的防毒軟體有持續更新。

6. 不要下載、安裝、或執行不知名的程式，除非這個程式是您所信任的某人或某公司所撰寫的。IRC，即時傳訊程式以及檔案分享服務的使用者對於他人傳送過來的檔案連結以及程式應該特別注意，因為這通常是入侵者建立分散式阻

斷服務攻擊主機的手段。

六、結論

隨著國內電腦的裝機率漸增，以及網路建設的日益普及，已使我國社會日益資訊化。但資訊化的結果除了帶來生活上的便利外，也為個人與社會帶來不少風險。無論是電腦網路系統本身製造或使用上的問題，抑或是人為刻意的破壞行為，都可能為使用者個人或社會國家帶來不便、甚至是莫大的損失。

孫子兵法虛實篇有云：「善攻者，敵不知其所守；善守者，敵不知其所攻。」這恰巧描繪了今日降低資訊安全風險的寫照。駭客入侵並非無法阻擋，但隨著入侵科技的進步，入侵途徑的增加，新的駭客不斷增加，舊的駭客不斷

更新入侵技巧，為能保衛資訊安全，需由單位
個人從最簡單的自我（防護）檢查做起，所
以，官兵在操作個人電腦作業時，首先應設定
開機密碼及保密警語，做好基本的電腦防護措
施，攜帶電腦和其他週邊設備進出營區，應依
規定程序提出申請並經由權責長官核准後實
施，並在規定的時間及場所使用，嚴禁私自攜
帶個人電腦進入營區，或將公務資料檔案存儲
於私人磁片攜出營外。在網路作業方面，連結
外界網路應依「單機獨立設置」規定辦理，並
與內部網路實體隔離，嚴禁在網路上傳送分類
保密資料，網路電腦的「資源分享」功能，應
該要嚴格設限，不能將機密檔案存置在公開區
域任人自由取閱。各級幹部應落實稽核檢查作
為，並要求官兵主動自我檢測、查察維護及反
映檢舉，以全面提昇國軍資訊安全防護強度及
國軍資訊安全防護系統。

七、參考文獻

1.國防部（1999），〈國軍保密實施規定〉。

2.國防部（2001），〈國軍資訊網路偵測體檢暨安全漏洞掃描指導計畫〉。

3.鮑友仲（2001），《駭客解凍》，知城數位科技，第33-35頁。

4.《中華民國刑法》（2003）。

5.台灣電腦網路危機處理暨協調中心（TWCERT），http://www.cert.org/advisories/CA-2003-08.html（2005/01/14）

第8章

面對資訊科技的態度

網路犯罪與新聞管制

黃中興*、蔡逸舟**、黃中堂***

思考指引

　　近年來,上網風潮席捲全國,電腦網路上隨時都在進行五花八門的交易,人們在日常生活方面享受了最大的便利之餘,亦衍生出許多新型的虛擬式犯罪。

　　身為現代軍事領導幹部,不但要慎防自己陷入網路犯罪集團的圈套,且須對網路犯罪有一定程度的認識,才能告知自己的部屬與周遭親朋好友,莫輕易相信網路上的資訊。否則,一不小心涉入網路犯罪,可謂是害人害己。當然,具備一定程度的新聞管制能力,對媒體案件處理將會受益良多。

學習重點

1.網路資訊不可盡信,細心求證不二法門。

2.網路探險須堅持「走過一定要留痕跡」。

3.針對不同媒體,擬訂適切之新聞管制策略。

4.虛擬世界的犯罪還是必須至真實世界來判決。

＊陸軍軍官學校　管理科學系助理教授

＊＊陸軍軍官學校　電算中心少校硬體工程官

＊＊＊陸軍軍官學校　管理科學系講師

隨著電腦網路的日漸普及，上網的群眾愈來愈多，在網路上處理日常事務，以及從事各類商品與資訊交易，不但日益受到重視，且在網路虛擬世界中的互動，業已形成青少年之間的流行文化，更進一步發展出許多新型的虛擬式犯罪（陳銘祥，2002）。當此種上網風潮席捲至軍中後，創造出部分軍中成員於假日流連網咖的特殊癖好，或在網咖中與人連線打電動玩具，或漫無目的式的純粹聊天，或是藉由網路的隱私與無遠弗屆的特性，在虛擬世界中尋找異性對象，但一不小心就可能會惹禍上身。

由於網路犯罪的迅速發展，因其牽連影響的範圍可謂甚巨，所以引起多方的注意和研究（王勝毅，2000；謝名冠，2000）。而身為軍職人員，一旦涉及網路犯罪後，不只影響到自己的未來，就連家屬與所屬單位，亦會受到相當的連累。除此之外，軍事領導者與新聞媒體的應對方式，亦會影響社會大眾看待軍職人員的形象。是故，適切之新聞管制，對涉及媒體的案件處理，將至為重要。本個案即在探討資訊管理中，處理網路犯罪與新聞管制之要領與具

體作法。

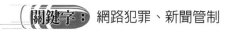

關鍵字： 網路犯罪、新聞管制

一、案例發生經過

　　航特部某特戰旅營部連陳姓一兵，因常喜歡在休假期間與三五好友，至網咖消磨時間，而且經常性地流連忘返。某日，陳員經由網咖聊天，而結識一位署名為「需要你關愛」的女生，經過幾次線上連絡互動後，男女雙方的語氣越來越裸露大膽，最後，竟協議至鄰近的汽車旅館進行援交。

　　然而，陳員萬萬沒有料到，以上所有情境，事實上，乃是詐騙集團所精心設計之圈套，以致當陳員抵達相約地點，準備進行既定之援交時，突然遭到詐騙集團夥同挾持至五指山公墓，陳員不但遭受詐騙集團的集體凌虐，而且隨身所攜帶的手機、皮夾、身分證及提款卡等物品，均被洗劫一空。然而，不法犯罪集團並未因此罷手，更強迫陳員當場拍攝裸照。

事後，則以將公告裸照，來進一步要脅陳員。

上述案件發生後，陳員雖然收假返回部隊，但仍終日坐立難安，對連隊所有任務之執行，均漫不經心。周遭感情較好的弟兄們，察覺到陳員的情緒有所異樣時，立即向連上長官反映，經過連輔導長約談後，始了解所有事情發生之詳細經過，陳員在連隊長官的鼓勵下，至鄰近警察分區局報案備查。

所幸整個案件在一個月後，即被警局偵破。但陳員則已遭受身心方面的傷害，亦蒙受財務方面的損失。然而，隨著案件被警方偵破，並未完全給陳員與單位帶來寧靜的日子。因為整個事件經媒體批露後，儘管軍方與當事人家屬曾極力澄清說明，但由於新聞管制的技能，以及面對媒體的經驗不足，以致整個事件不但未立即落幕，且遭到不當之渲染，更對當事人暨其家屬，乃至軍方的聲譽

再度造成二次傷害。

二、牽涉單位

　　在資訊科技蓬勃發展的今天，電腦網路的便利性與流通性，可謂是無遠弗屆。軍人利用網路援交的新聞，每過一段時間，總是會在各媒體出現。雖然軍人觸犯網路援交，常發生在休假期間，上述行為照理說應是個人的行為，但卻會對單位聲譽產生相當的影響。

　　在本案例中，陳員的行為不但造成部隊的聲譽受損，其所牽涉之單位實包括連、營級的幹部，以及更高階的長官。以致各級幹部必須全力來協助處理此一損害軍譽之重大軍紀案件。除此之外，因為陳員遭受援交被欺詐，又同時遭受惡意洗劫之後，已經正式構成刑事案件，因而其所牽涉單位就不只是軍方而已，連警方相關單位，亦有所牽連。自案發後，一直至破案之前，警方曾多次協同管轄的憲兵單位，前來營區訪查，陳員因而不斷地接受軍警雙方的持續約談與調查行動。

三、相關單位狀況處理

（一）各聯兵旅、營級單位，運用月會以及其它重大集會時機，加強對軍士官兵們宣導營外軍紀安全教育。

（二）利用計畫排定軍法巡迴教育課程，講述有關防治網路犯罪的觀念與實務性的作法（陳桂輝、張國治，1999），可函請轄區軍事法院檢察署將妨害性自主、援交等罪，列入教育重點，以有效嚇阻類似援交歪風。

（三）基層營、連應於官兵休假之前，併同離營教育實施妨害性自主、援交案例宣教及懲處規定宣教外，並提醒官兵正當休閒觀念，休假離營後應立即返家，切莫深夜流連網咖、PUB、KTV等場所。

（四）不斷告誡軍士官兵們，在營外休假乃是美事一椿，切莫誤蹈法網而惹禍上身，不但掃了自己休假的興致，且會為自己及部隊帶來不必要的煩惱。

　　（五）結合例行性家屬聯繫工作，籲請家屬協助注意子弟休假期間之營外交友狀況，適時約束其不當行為，有效杜絕類似之嚴重違反軍紀的事件。

四、問題癥結與分析

　　此類問題的癥結可分為兩大方面，一方面是如何在事前做有效的觀念偏差導正，另一方面涉及如何在事後做適切的新聞發佈管制，茲將以上兩大問題癥結分述如下：

（一）事前觀念的偏差

　　發生此類案例的最主要原因，乃係當事人對電腦網路的使用有觀念上的偏差，本身亦經不起色情的誘惑。然而，最重要的是無法辨識歹徒所設下之陷阱，貿然接受網路援交之邀約，竟而墜入不法份子精心設計之圈套。

（二）事後新聞的管制

　　亦即是對新聞媒體報導的妥慎處理。在本案例中，曾論及案件被警方偵破後，事實上並

未爲陳員與單位帶來寧靜日子。因爲隨著整個事件經媒體批露後，由於新聞管制不夠理想，對媒體文化欠缺足夠的了解，以及面對媒體的經驗不足，於是只好坐待案情不斷遭受不當渲染，終究讓當事人、家屬與軍方再度承受二次傷害。

五、管理決策修改與調整

關於此類個案的處理，主要區分爲兩個面向，首先是針對當事人行爲與觀念之導正，其次是單位主官（管）的狀況處理與決策管理能力，且應置重點於資訊管理在對內的網路安全與對外的新聞管制兩大方面（趙秀雯，2000）。首先是在網路安全的教育上，對一般官兵之觀念導正，可以說明與溝通的重點，大致區分爲以下三點：

（一）網路資訊不可盡信

教導官兵正確的觀念，就是網路資訊不可盡信，無論是對任何人而言，都儘可能不要完全相信在網路上五花八門的事物。故應在網路

虛擬世界中，保持相當的理智與懷疑。因為，
在網路上所看見的資料，無論是透過網路機制
所傳遞分享而得的資訊，抑或是經由BBS（電
子佈告欄），ICQ、E-mail（電子郵件）等都有
造假的可能，這眞假之間，常令一般人在一瞬
間難以辨別。是故，不可輕信眼睛所看到的網
路資訊。

（二）細心求證是不二法門

　　事實上，無論任何網路資訊，在可信度方
面皆應做適當的保留，一定要對相關資料求證
後，才能合理又有效地做出判斷。尤其在電腦
交友與工作介紹方面，
更應謹慎為之。簡單的
說，在網路的虛擬世界
裡，最重要的網路資訊
管理觀念，就是不要輕
信所傳聞的，更要懂得
細心求證，求證時可向
政府機構，或換其他的
管道，如用電話或寄信
等，查證所懷疑的資

訊。這是保護自己，也是保護別人不要受害的
基本作法。

（三）莫在不安全的網路環境下探險

好奇、想探險是一般人典型的反應，但若
未仔細考量本身所處環境的危險性，就可能引
起爾後難以控制的連鎖反應，以及原先所意料
不到之局面。因為網路環境具資訊處理上所謂
的「黑箱性」，如同某人帶著面具一樣，網路
上的名字與真人可以產生完全不合理的聯想，
乃至會有性別錯亂的現象。一個人可以有千百
個網名，不同的化身，但其他人卻不得而知。
這種「黑箱性」對有心做假行騙的人，是很有
力的工具。更何況當本身已經受貪財、貪色等
不當慾念的影響，而放鬆自己的警戒時，反而
更易遭受風險而上當受騙。

因此，千萬莫沉溺於藉由網路體驗沒試過
的事，例如隻身前往與未曾謀面的人見面，雙
方獨處一室，或轉而認識其他異性，或企圖做
進一步的親密接觸。就算真要非探險不可，也
建議最好有相關的配套措施，例如所有行蹤皆

有記錄可查，緊急連絡人相關資訊等，亦即做好妥當的資訊掌控，做什麼事情都有人知道的，凡事皆有記錄可查，這也算是養成保護自己的良好習慣。

另外在對外的資訊管理上，因為維護國軍良好之公共形象和保持與外界媒體有積極正面溝通的情形，在事件的處理上尤其著重在新聞管制方面（胡光夏，2000；史順文，1995），單位主官（管）面臨類似事情時，建議原則上應盡量避免以掩蓋的心態來因應。蓋因媒體常以衝突、煽動、情色及異常等特殊字眼及情節，來描述其報導的內容，以吸引讀者、觀眾的購買或觀看。故在面對新聞媒體時，這方面提醒要妥慎處理，並且儘可能以主動的態度與主流新聞媒體取得適當的互動，避免招來無謂的懷疑與抹黑。至於面對媒體的行為與態度，可區分以下五點為原則：

（一）誠懇面對媒體

軍事個案不發生最好，一旦發生後最難處理的就是面對媒體，是故，以正面心態來實施

新聞管制，乃是現代軍事領導者必備之素質，始能讓當事人繼續工作與生活，同時也讓部隊功能持續運行，有時避免擴大傷害的不二法門，就是在一開始就真誠面對媒體。

記者訪問時在語氣上通常會具攻擊性，此乃其職業特質而非個人特性，故在接受採訪過程中，仍應表現出對媒體的尊敬，而避免有敵對或仇視的態度。在表達上盡可能置重點於告訴媒體事故的背景，而應避免告訴其尚在進行或處理中的程序，以免原本十分單純的事件，一再被進一步渲染擴大。因為人們通常容易對事件的背景達成一定的共識，但對處理事物的流程則常會抱持著南轅北轍的觀點。

假使真有必要一定要表示某種意見時，寧可拒絕透漏消息也不要欺騙，否則將來很難得到媒體的信任。

（二）妥慎處理新聞發佈

以正面態度面對媒體之後，其次就是適時提供媒體正確的資訊，力求主動原則。尤其是

一開始，不迴避媒體的採訪或電話訪問，讓外界了解事情的真相與發展，以及事件相關處理經過。

　　然而，對於不實新聞報導亦應適時提出更正，蓋因媒體常因獲取資訊的管道有限，而作出與事實不完全相符的報導。通常機構或個人亦因怕媒體惱羞成怒，而不敢挺身要求媒體作更正，但如不即時要求媒體作更正，可能會對機構或個人造成不可抹滅的傷害。

　　一般實務上而言，關於已公諸媒體的不實報導，是否要求立即作更正，應取決於媒體報導的內容。如果是有事實不符的報導，應堅持媒體要作更正啟事；但如媒體僅是對事故的發生作評論，則盡可能不要太堅持媒體作更正，而視情況從其他管道，向媒體作溝通與澄清誤解。

（三）尊重個人隱私權

發佈新聞稿時，雖然要力求真實，主動提供資料給媒體，勿讓媒體憑空杜撰、亂寫。但更應重視涉及人員的個人隱私權，以免再度造成沒有必要的傷害。特別是當新聞曝光成為焦點，且被記者緊追不捨時，更須謹慎處理。因此，必須向媒體強調，接受採訪的目的，僅在傳達欲發佈訊息的內容，其他有關涉及隱私之議題，則不便發表個人意見。

（四）建立專責新聞管制人員

通常由單位內的政戰主管（學校或部隊）或特業幕僚（總部以上單位）所擔任，俾利在特殊新聞事件處理上有轉圜空間。除此之外，最好要有專人撰寫新聞稿，將事故發生的情形，主動提供給主流媒體參考運用。必要時可經長官同意後，適時召開說明會（記者會）。在召開前，預先於會場提供一些參考資料，以加深印象，並先取得媒體同感。

發言人應謹記不說假話的原則，並在機關

首長的授權範圍內，選擇性告知媒體有關的結果。如果整個事故不能於一次記者會中說明完畢，可依事故演變的情況，預先告知媒體下次說明會召開的時間，以免讓媒體千方百計透過各種管道去挖掘資料。

　　如果可能的話，設立記者招待室，給記者採訪時有個落腳地方休息，並提供茶水、影印機、傳真機、電腦及電話等設備，以方便其採訪、撰稿，使記者對機構產生賓至如歸的歸屬感。

（五）針對不同媒體研擬新聞管制策略

　　因採訪媒體特性之不同，參考蔡進雄（1998）所提的專業技巧，當接受各種不同媒體採訪時，可參考把握下列相關原則靈活運用：

　　1.電視台：發言時間約40秒，引述長官的指示，報告結論，勿說明背景及過程資料。相關常用的實務處理技巧方面，例如懂得在被採訪時，直視鏡頭或採訪者，自然的面帶微笑，另外在採訪之

前，記住要整理服裝儀容，或對攝影機事先做練習，以期有較佳的臨場表現。

2.廣播電台：時間約2分鐘，除了說明結論外，可視狀況允許加註說明事件發生的背景資料。

3.報紙：時間可視採訪主題而定，通常記者會以600至1,200字的篇幅來刊出訪問內容。受訪單位可先行搜集資料，把人、事、時、地、物作詳細說明。

4.雜誌：因雜誌可長期擺放供讀者閱讀，甚至刊行多年的舊雜誌仍可在舊書攤被購閱，殺傷力可說相當大。所以必須和採訪記者溝通清楚採訪內容重點，為避免誤導讀者和採訪記者的誤會，建議儘量最好要求先看過內容後，再讓雜誌刊出。

5.電話訪問：記得勿太鬆懈，以求能適時作出機警的反應，切記有被錄音的可能，所以在回答時應儘量簡短，最好不要使用有猜測的語句和字眼，以免被誤用誤導。

六、結論

　　針對網路犯罪案例，理應秉持預防勝於治療的態度，平時即應在部隊中，對官士兵們多做案例宣導，適時導正偏差行為，且應置重點於常愛流連網咖的軍中成員。至於安愼有效能的新聞管制，則係單位主官（管），抑或相關人員，在面對媒體時應當具備之素養，也是平時應加強磨練學習的地方。事實上，單位機構與媒體之間的關係，就好像翹翹板一樣，互動關係如不能平等互惠時，即會發生不平衡現象，乃至對雙方關係產生傷害。

　　因此，國軍部隊中的主官（管）在爲民服務意識日益高漲的趨勢下，要學習能面對外界，給予外界正確的部隊形象與資訊，已不可能再消極地採取過去默默耕耘

的保守作法，必須更積極地學習如何能在處理軍事案件時，以上述所提資訊管理相關的觀念、態度和作法，更合適地幫助當事人，並與媒體做良好的溝通，建立部隊形象維護軍譽。

七、參考文獻

1. 王勝毅（2000），〈網路上犯罪行為之研究〉，文化大學法律系研究所碩士論文。

2. 史順文（1995），〈國軍形象之研究——一個公共關係策略初探〉，政治作戰學校新聞研究所碩士論文。

3. 林宜隆（2000），〈網路犯罪之案例分析〉，《中央警察大學學報》，37期，第221-252頁。

4. 胡光夏（2000），〈我國軍隊的公共事務——軍隊與媒體關係之探討〉，《第三屆軍事社會科學學術研討會論文集》，第67-91頁。

5. 陳桂輝、張國治（1999），〈淺談網路犯罪及其預防之道〉，《警光》，513期，第54-56頁。

6. 陳銘祥（2002），〈虛擬色情，真實犯罪——網際網路上的色情相關活動與其法律規範上的問題〉，《月旦法學》，83期，第210-217頁。

7. 馮震宇、劉志豪（1998），〈我國網路犯罪類型及案例探討〉，《月旦法學》，41期。

8. 趙秀雯（2000），〈網路犯罪問題與規範機制之研究〉，國防管理學院法律研究所碩士論文。

9.蔡進雄（1998），〈組織危機管理策略〉，《人力發展》，57期，第52-59頁。

10.謝名冠（2000），〈網路犯罪之研究〉，政治大學法律研究所碩士論文。

第四篇　正確理財　端正風紀

第9章

個人正確理財

正確的理財與消費哲學觀——避免掉入沈重負債的深淵

黃寶慧*、蘇　適**、劉英華***

思考指引

　　軍校學生與部隊軍官皆有固定的零用金與薪資收入，若能儘早培養正確的理財與消費觀念，則將能使其擁有妥適與無後顧之憂的生活環境，進而有助於其對部隊事務的全心投入，並能在其軍旅生涯中擔當重責大任，施展專才。

學習重點

1.貨幣的時間價值：現值與終值等觀念。

2.報酬與風險的一體兩面。

3.信用卡的意義與使用方式。

4.理財與消費互相結合的例子。

*陸軍軍官學校　管理科學系副教授兼軍事管理科學研究中心主任

**陸軍軍官學校　上校副主任

***陸軍軍官學校　管理科學系講師

　　近幾年來的市場利率處於低檔，姑且不管未來經濟是否成長，景氣是否翻升，許多學術或實務領域的理財專家，皆提醒社會大眾，更需要花費更多心思來管理財富。一般而言，財富管理可以分為「開源」與「節流」兩大方向。開源的部分是依其報酬預設目標與風險承擔能力，選擇適合自己的理財工具。至於節流的部分，則首推負債的管理。以軍校學生為例，每月的薪資零用金約10,000多元，比起民間大學生並沒有固定薪資，更應該要早點培養正確的金錢運用觀念。然而，現實生活中卻發現，不只軍校學生，甚至是各級軍官，都曾經發生因為缺乏正確的理財與消費哲學觀，而導致負債累累的案例。其不僅影響生活之安定，嚴重者還發生行為脫序，進而觸犯軍紀。

　　本個案即以軍官理財行為與債務管理失當為例，來闡述正確的理財與消費哲學觀。

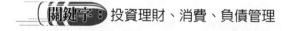

關鍵字：投資理財、消費、負債管理

一、案例發生經過

　　X部X旅胡姓上尉於民國89年期間，在外接受某公司所派遣各據點之問卷調查人員，進行訪談，因填寫問卷而留下個人基本資料，後續公司派專員進行電話訪談接洽，胡員便與該公司主管人員面談相關事宜。該公司向胡員介紹其公司旅遊優惠會員卡，鼓勵胡員加入公司會員，可賺取利潤。另外，煽動其購買未上市股票，並誇大獲利之利多消息。胡員因心存妄想，貪圖暴利，便加入會員，向該公司購買未上市股票。事後，卻發覺其獲利並未如公司所言，才知受騙，後悔莫及。而胡員因購買未上市股票，故連續以軍人身分證等重要證件，向多家銀行及地下錢莊借貸，積欠巨額負債未還，直至民國93年2月間，營外不知名人士屢以電話，或頻頻現身該營區向胡員討債，衍生糾紛，案經查證屬實，單位核予處分。

二、牽涉單位

　　以抵押軍人身份證借錢的案件雖由來已

久，然而諸如此類的財務不當管理案件仍時有所聞。上述案例雖一再受到單位主官（管）的宣導，照理說應當列為胡上尉個人事務，但是事件一旦擴大到地下錢莊及銀行至營區討債的地步，則非當事者個人所能完全負責，以致牽涉的單位亦隨之增加。

關於胡上尉的借貸事件，其所涉及的不只是連、營級的主官（管）之平時依規定宣導，以及定時與不定時的輔導責任，更因事態的擴大而變成旅級以上長官的棘手問題，不但須律定監察部門作出極為詳盡的調查記錄，作為爾後實施懲處的參考依據。除此之外，還要謹慎防範新聞或輿論的過度渲染及不實報導，進而對軍人形象產生負面的影響。因此，上述案例非但連累至連、營級主官（管）、幕僚單

位的業務主管、政戰部門、監察、聯兵旅級政
戰主管等人員，乃至相關業務承辦人員均牽涉
在責任範圍內。

三、相關單位狀況處理

（一）各軍團、聯兵旅級、營、連級等單
位，應依「國軍人員身份證（明）管理要點」
採強化管制作為，於官兵休假前、返營後，檢
查軍人身分證持用情形，凡發現有異者，需追
究詳因，即予適處，防範未然。

（二）各級主官（管）及政戰部門應擴大
宣導各部隊，所策頒之防騙具體作法，及各種
文宣漫畫資料，使官兵在日常生活中了解，其
詐騙的誘餌不外乎，一個是「女色」，另一個
則是「暴利」。天下沒有白吃的午餐，也沒有
不勞而獲的道理，妄想暴利，貪圖美色，就會
出賣自己的人格，使自己掉入痛苦的深淵。故
各級人員應利用重要集會、莒光日、早晚點名
及官士兵休假時刻，確實宣導相關之各項詐騙
手法，以免國軍官士兵再次遭受到不法公司或

人員的詐騙，以維護國軍良好之軍風。

（三）各單位主官（管）及業務部門主管人員，若發現官兵金錢使用過度，而且入不敷出或異常時，除即透過同僚、好友查明金錢來源外，並應協請家屬了解、規勸及導正金錢使用觀念；另對張貼於營區周邊及報章刊登之貸款小廣告，應適時查訪有無不法，並教育官兵說明不肖份子之意圖，避免官兵因無知掉入陷阱。

（四）地下錢莊素有「吸血鬼」之稱，不肖份子為使官兵向其借款以獲得重息圖利，常以「手續簡便、放款快速、免抵押」等誆騙詞句誘人入甕，除立即扣取高額利息外，借款人一旦無法限期還款，便無所不用其極索債，衍生後患無窮，輕者債臺高築、無力償還，重者為錢鋌而走險，身敗名裂。

（五）重申「國軍官兵不得以軍人身分證或其他與軍事有關之證件向地下錢莊借貸」，凡經查獲，當事人依「陸海空軍法懲罰法」第

八條第二款：「言行不檢，有損軍譽者」議處
（軍、士官一律處大過乙次，士兵禁閉三十
日，聘僱人員記過以上處分），並檢討單位主
官（管）督導責任；另居中牟利，涉有刑責
者，則依法究辦。然而該員因案經查證屬實，
單位核予記大過乙次處分。

四、問題癥結與分析

　　一般而論，各級軍官與軍校學生的薪資收
入穩定，若非有重大的家庭或個人因素，其日
常生活之必需應該能夠滿足。雖然此案例的主
角是一位軍官，但為了讓軍校學生更能夠感同
身受，引以為鑑，以下則以軍校學生的薪資零
用金消費習慣的調查資料，進行問題癥結之探
討與分析。

　　常如君（2004）發現官校生收入比照所調
查學生的平均收入是為樣本中的前20%，屬高
收入群。從邱國宏（2004）研究陸軍官校學生
零用金使用方式之報告，發現陸軍官校學生每
月零用金的使用上，有78%的人以消費為主，

22%的人以投資為主，而有將近四分之一的人為月光族，其中又以三年級的比例最高，二年級最低。

陸軍官校學生每月消費的金額，大多數的人還是在7,001元以上，比例高達75%，其餘則是在3,001-5,000元或是5,001-7,000元之間，但在3,000元以下的比例則為零。這也顯示出不管陸軍官校學生多麼節省，每月的消費至少都必須為3,000元。

在各項消費種類，總金額的支出以休閒娛樂為最多，其次是生活必需品及學校必要開支（理髮費、洗衣費……等）。而使用信用卡作為消費的支出者並不多，顯示使用信用卡作為消費工具在陸軍官校學生中並不普遍。另外，在各項種類的消費金額上，學校必要開支這一部份的金額皆在3,000元

以下，可見學校必要開支種類雖然多，但是金額卻不會很高；休閒娛樂這一部份，金額乃是以1,001-3,000元最多，比例為59%，而3,001-5,000元這一部份也有將近三成的比例；而大部分學生的電話費還是在3,000元以下，這也顯示出陸軍官校學生在手機管制，而且使用時間有限之情況下，電話費花費仍不算少；整體來說除信用卡外，各類消費的金額還是以1,001-3,000元為主。

陸軍官校學生在過度消費這一項，將近有五成的人曾發生消費過度的情況，而消費過度的金額大多在1,001-3,000元之間，其比例佔五成。在處理消費過度的金額上，還是以向家人汲取及同學借貸，為主要處理方法，兩者比例總合高達82%；信用卡這一部份則最低，這也呼應前面陸軍官校學生對使用信用卡消費比例偏低有關。

陸軍官校學生最常超出預算的前三名消費項目，依序為電話費、休閒娛樂費及生活必需品費；但最想節省的消費項目前三名卻是休閒

娛樂費第一，生活必需品費第二，第三則為電話費。這顯示出電話費雖是最常超出預算的消費項目，但陸軍官校學生卻寧願節省其他消費項目，來彌補這個消費過度的缺口。

負債這一方面，會負債的原因以家用及其他最高，其他這一部份以購買電腦為主要部份，其次為買車，最後則為買股票；而舉債方式則以貸款比例最高，高達84%，不管是家用或是買車、買電腦，因為以軍校生身分去貸款的利息比一般人低很多，這也是為何負債的比例會佔最高的主要因素。

一般來說，軍校學生或部隊軍官會過度消費，甚至舉債度日的關鍵點，就是缺乏正確的理財與消費哲學觀。就軍校生的薪資零用金而言，在其同年紀的大學生族群中，其收入甚多而且穩定。不過，可能因為尚未建立正確的金錢使用觀念，一下子就獲得為數不少的零用金；再加上進入軍校之後，生活型態受到約束，為了紓解壓力，放鬆緊繃情緒，所以消費額度完全集中在離校的週休二日之休閒娛樂方

面。此外，大學生階段正是欲結交異性的巔峰期，此方面的花費可能隱含在休閒娛樂的項目中，而且這種推論也可以在超出消費預算第一名的項目——電話費支出上獲得印證。更甚者，各級軍官因結交「居心叵測」的年輕女子，受其煽動，不僅將其薪俸，甚至舉債投入所謂的「高獲利」但「不知所以然」的商品中，其結局輕者可能家財盡失，重者則身敗名裂。

　　最後，還有兩點值得我們關切。第一點是官校生使用信用卡並不普遍。此現象的可能原因有二，一是持卡率並不高，二是消費支付方式仍慣用現金為主。其實在妥善規劃財務下，使用信用卡消費是可以完全發揮其「延後支付」的功能。再者，第二點要注意的是，軍校生可能在其借貸利率較低的誘惑下，舉債購買其目

前生活上，並非必需品的消費支出，例如車子。更令人擔心的是，軍校學生甚至貨款來購買股票，完全忽略暴露在風險下的危險性。是故，軍校生在遇到別有居心的年輕女子推銷任何商品時，一定要勇於說「不」，保持自己的理性，並思考「天下真的有這麼容易，不勞而獲的事嗎？」克制慾望、減少消費，自然減少債務。

五、建立正確的理財與消費哲學觀

大多數官校學生在求學階段，生活應屬平穩安定，除了沒有籌措學雜費之經濟壓力之外，每月尚有一萬多元的薪資零用金使用。因此，相較於沒有固定薪資的民間大學生，軍校學生更需要建立正確的理財與消費的觀點。更進一步而言，軍校學生畢業後要擔負重責，發揮軍事領導與管理的專業知識與技能，帶領部隊與應對軍中事務。若其能在求學階段，就培養良好的消費習慣，並建立風險與報酬一體兩面的理財觀念，將來配合生涯規劃，把財務做好妥善管理，那麼在沒有後顧之憂的正常穩定

生活中，必定更能專心一致地施展才能，貢獻部隊，成為一位優質的現代化軍官。

　　對照於前幾年景氣低迷的微利時代，臺灣的金融市場一下子出現了各種理財商品，諸如：保本型商品、組合式基金、結構型商品、投資型保單、ETF以及期貨與選擇權等衍生性投資工具。既然新奇的金融商品推陳出新，在急於認識這些金融工具之前，正確理財與消費觀念的建立，才是規劃財務的根本之道。在此，提出四個重要個人財務管理觀念，期能對讀者有所助益。

（一）投資理財要愈早愈好

　　想要規劃財務，累積財富，只是嘴巴說說或腦袋空想，沒有實際付出行動，這樣是一點也無法獲取時間價值（time value）的。在此，以銀行定存為例，來說明貨幣的時間價值。假設在銀行定期儲蓄存款利率為3%下，你在每個月月初存入5,000元，為期三年。那麼以每個月複利一次計算，在到期時，將會有多少本利和呢？此題的時間軸表示如下：（徐俊明，2005）。

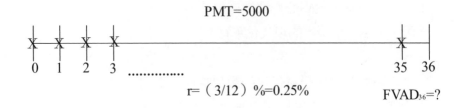

$$FVAD_{36} = 5000(1+0.25\%)^{36} + 5000(1+0.25\%)^{35} + \cdots + 5000(1+0.25\%)^{1}$$
$$= 5000[(1+0.25\%)^{1} + (1+0.25\%)^{2} + \cdots\cdots + (1+0.25\%)^{36}]$$
$$= 5000(1+0.25\%)^{1}(1+(1+0.25\%)+(1+0.25\%)^{2} + \cdots\cdots + (1+0.25\%)^{35})$$
$$= 5000 * FVIF(0.25\%,1)FVIFA(0.25\%,36)$$
$$= 5000 * 1.0025 * 37.64$$
$$= 188,670.5（元）$$

PMT=payment：表示每個月存入的金額。

r：表示每個月的月利率。

FVAD：表示期初年金（Annuity Due）的終值（Future Value）。

FVIF（0.25%,1）：表示終值利率因子，可以查表得知其值。

FVIFA（0.25%,36）：表示年金終值利率因子，可以查表得知其值。

其實儲蓄存款就類似年金，定期存入一筆金額（payment），經過時間的累積，再加上利上滾利，指數次方效果，就可以在風險較低的

情況下，獲取時間價值，達到理財的目的。

（二）養成將收入扣除理財投資部份，剩下的金額才用以支付日常開銷的習慣

　　大部份人的做法是將收入扣掉支出，剩餘的部份才拿來投資理財。以現今軍校學生普遍的用錢態度，每月能收支平衡，當個「月光族」就已經不錯了，否則淪為使用信用卡循環利息、以現金卡預借現金等借貸方式度日的，可能也為數不少。軍校學生投資理財的金額也許不大，但是沒有「積極」的觀念——先投資再消費，就沒有累積財富的可能性。

（三）絕對不要借錢來從事投資活動

　　因為投資理財應當是一件快樂的事，不會造成生活上的壓力。第一次投資不一定就要大賺錢，即使是簡單的銀行定存，只要能引起自己對投資理財活動的興趣，小賺一樣有增加財富的功效。借錢是需要成本的，大多數的軍校學生面對較為封閉的理財資訊，也缺乏投資的經驗。倘若投資標的並沒有獲得事前預設的報酬率，甚至是負報酬，那麼借貸的部分要如何

償還呢？第一次投資就搞得「灰頭土臉」，可能會造成對理財活動的「負面情緒」了。

（四）體認金融商品具有高報酬隱含高風險的本質

金融市場的商品，其報酬與風險是一體的兩面。高報酬的商品背後隱含高風險的性質是符合風險溢酬（risk premium）的基本觀念。以一個簡單的例子來說明此觀念：買賣股票的平均報酬率高於銀行定存，但這是因為前者的風險大於後者，所以需要額外的報酬來彌補，不過也正因為其高風險的特性，此高報酬率不一定能夠實現。相反地，可能遭致巨額損失的結果。以民國93年陸續發生博達、訊碟、皇統、陞技、太電等上市（櫃）公司遭負責人掏空，資金流向不明，或財務報表灌水虛編等重大損害投資人權益之事件來看（例如：太電遭茂矽集團董事長胡洪九涉嫌掏空170多億元），「來路不明」的未上市（櫃）公司，其投資風險更可見一般。因此，投資任何商品，千萬不可心存獲取暴利的妄想，尤其在未真正了解商品的內容時，勿片面聽信他人的信口開河，天花亂

墜的保證獲利。試想平時買一雙球鞋前，可能就會收集資訊，分析各種不同品牌的價格與功能，了解其優缺點，再加上現場的實物比較後，才會完成購買的行為。但是對於金額是其數十倍以上的金融商品，反而是如此隨便地信賴有心人士（別有居心的年輕女子）或有特別目的的分析師的煽動言詞，真是令人匪夷所思啊！

　　既然投資要趁早，要先投資再消費，而且不要借貸來投資，以軍校學生現有的零用金而言，應該要投資於何種金融商品呢？每個月為數不多，但是固定金額的投資方式，倒是一個不錯的選擇。例如：軍校學生可以每個月撥出3,000元放於銀行定儲，或者以定期定額方式購買基金。雖然目前利率水準甚低，但是為了降低風險，並且培養理財的習慣，定存、定儲等是容易的入門選擇。至於購買基金，則需要主動去獲取這些商品的有關資訊，再加上一些主觀的判斷，才能決定商品標的。現在學校內都有開設一些投資理財的課程，例如財務管理、

投資學、財務分析等。同學們一定要認眞學習，使你有能力分辨電視上的名嘴分析師，及相關詐騙集團，所言到底有幾分的眞實性。網路上的理財資訊也是非常方便地可以搜尋得到，不管您未來想到何種職業發展，一些基本的理財商品認識之能力，都是應該要具備的。

最後，有鑑於目前信用卡的普遍性，在此想與各位分享使用信用卡的正確態度。其實，投資理財可分成「開源」與「節流」兩大部分。選擇合適的金融商品來投資是屬於「開源」，正確使用信用卡就是「節流」了。在台灣，金管會銀行局統計，已有超過四成的持卡人每個月拿五分之一的薪水還卡債，到民國93年11月，全台信用卡發卡量累計超過4,300張，是十年前的十六倍！另外，至民國93年11月底，包括信用卡循環信用餘額（未償卡債）及現金卡放款餘額，共達6,700多億元，佔國民生產毛額（GNP）的6%。而以卡消費、以卡借債的人口及金額，仍在繼續升高（聯合報，2005）。大學生申辦信用卡不是難事，重點在於如何規劃自己的財務，養成良好的消費習

慣。要利用信用卡「延後支付」的功能，先消費後付款，並將現金存於帳戶中不予動用，等到繳款日再以自動轉帳扣繳的方式，支付信用卡帳單上的「總繳金額」。以財務的觀點，流出的「現金流量」愈晚愈好。因此，平時將收入存於戶頭中，可賺取存款利息；日常消費，盡可能使用信用卡，只要扣繳方式為總繳金額，不要動用循環利息，那麼「借錢不用付利息」的好康就真的發生在你身上，信用卡名副其實的成了「小兵立大功」。以下就以一個簡單的信用卡消費情形為例子來說明：

　　假設使用中國信託銀行的信用卡來消費，其結帳日是每月的5日，繳款日是每月的23日。六月份消費的內容如表1：

表1　六月份消費金額表

消費日	入帳日	金額	總繳金額
1	5	2,000	
2	4	500	
5	10	1,000	
15	25	600	
20	30	1,500	
28	30	3,000	2,500

消費日是使用信用卡消費的日期，入帳日是廠商向銀行請款的日期，也就是實際上開始向銀行借錢的日期。因為結帳日是6月5日，所以本期的總繳金額為2,500元。只要你在6月23日扣繳全額，那麼根本不需要有任何利息的支付，至於其他的金額則最快需要在7月23日繳交。在此，要提醒同學，嚴格控管好自己的消費支出，千萬不要只繳交「最低應繳」金額。以此信用卡消費例子來說，若該銀行循環利息週期採用消費日起息計算，且只繳納最低應繳金額1,000元，那麼至7月5日結帳時，未繳金額的循環利息計算如下：（假設並無任何新的消費支出）

$$[(2000-1000)*20\%*(30-0+5/365)+500*20\%*(30-1+5/365)$$
$$+1000*20\%*(30-4+5/365)+600*20\%*(30-14+5/365)+1500$$
$$*20\%*(30-19+5/365)+3000*20\%*(30-27+5/365)]$$
$$=20\%/365[1000*35+500*34+1000*31+600*21+1500*16+3000*8]$$
$$=78.685（元）$$

雖然此利息金額甚少，但此乃是因為消費金額只有數千元的關係，如果以利率來說明，

此循環利率高達近乎20%，可是銀行存款利率不到2%（民國94年1月的水準），所以這絕對不是使用信用卡的正確態度。

再者，可以使用信用卡來申購定期定額基金，讓銀行先幫你支付投資金額，到繳款日再予以扣款，那麼信用卡每月有一刷，又可累積點數，兌換紅利或贈品等，可謂一舉數得，並且同時利用「開源」與「節流」的投資理財兩大方式，來達到聚積財富的效果。

六、結論

總之，軍校學生使用零用金，不管在投資理財或消費支出方面，都以建立正確的觀念為首要。衡量自己的風險承擔能力，不要太在乎低微的報酬率，先踏出投資的第一步！至於，消費部分一定要控管在不超過收入的範圍內，並且以信用卡來達到延後支付的功能。「投資要考慮風險，消費要花在刀口上」，就能妥善地運用你的薪資收入。

七、參考文獻

1.邱國宏（2004），〈陸軍官校學生零用金使用方式之研究〉，陸軍官校管科系專題研究報告。

2.徐俊明（2005），《財務管理理論與實務》，三版，台北：雙葉書廊有限公司，第168-169頁。

3.常如君（2004），〈大學生信用卡循環信用使用行為影響因素與相關政策之研究〉，國立臺灣師範大學大眾傳播研究所碩士論文。

4.《聯合報》，高雄，2005年1月6日，A3版。

軍中財務內部控制的正確認知

余玉春*、唐爾呈**

思考指引

　　隨著社會環境之快速變遷，在民生物資優渥的生活條件下，部分年輕的基層軍官或因禁不起物質誘惑，就職位之便，犯下財務管理方面的違法亂紀行為。

　　蓋因在軍隊中掌管出納的人，由於所管理的是最容易產生弊端的現金，故首重道德操守的培養以及法律教育。除此之外，應該針對軍隊的組織架構及指揮鏈，設計一套安全的財務管理機制。

學習重點

1.個別監督在財務管理中之地位。

2.從「公款公用」過渡到「公款法用」的深層意義。

3.憑單制度在電子化潮流中的不可忽視地位。

4.3C管理原則尚可實務性運用在那些案例中？

＊陸軍軍官學校　管理科學系助理教授

＊＊陸軍軍官學校　教材科中校科長

近年來我國軍進行人事精簡，部隊財務管理部門的出納軍官往往兼任記帳的工作，此作法是現金管理的一大忌諱。若在其職位的軍官，受個人及環境因素影響之下，就職位之便，可能不知不覺犯下違法亂紀的行為。本文所列舉的個案，一方面描述一位財務軍官，如何在缺乏健全的內部控制環境中，發生舞弊行為。另一方面希望能藉此個案，導入正確內部控制的觀念。

關鍵字： 內部控制、出納、現金管理、憑單制度

一、案例發生經過

張某數年前從某軍事學校「財務管理系」畢業後，即被分發到北部某指揮部的主計組擔任少尉財務官，並從事出納及會計記帳工作。由於該軍官工作勤奮，待人謙和，與同僚之間相處愉快，頗獲部隊弟兄的喜愛。又由於張姓軍官工作態度認真、負責，亦無不良嗜好，並經常利用工作之餘，主動協助部隊長官及弟兄

完成其職務外的任務，因此深受長官的青睞與賞識。張姓軍官的直屬長官中校主計組長，對他亦十分信賴。張姓軍官所提報的支出憑單，一律簽章核准，甚少詳加審核或查問。

按照總部的規定，每年年底都會下派稽查員到各營部督導業務，進行查帳的工作（Auditing）。從事此工作的人員，一般都由具備財務背景的資深軍官擔任。由於彼此都是學長學弟關係，雙方經常在和氣的氣氛下完成查帳工作。任務完成後，該張姓軍官經常會自掏腰包，到附近豪華且精緻的餐廳，慰勞學長們的辛勞，以盡地主之誼。張姓軍官每年的工作績效考核都獲得優等，更曾經獲得國軍楷模的榮譽。他在該工作崗位一任就是三年，從不報請休假。青年才俊，國家棟樑，又深受長官的疼惜，仕途極為看好。

張姓軍官平日工作之餘，都待在營區內努力課業

的研習，有日終於順利通過托福考試，取得出國繼續學業深造的機會，單位長官也前往祝賀。正當張姓軍官束裝準備前往國外深造之際，由總部派員著手進行業務交接工作的人員，卻發現了重大舞弊——張員所請領款項的單據、發票等皆被發現「重複請領」。三年來重複請領款項竟高達485萬台幣，經過總部派員進一步的調查發現，這些款項竟然都被張員存入其本人的私人帳戶裡，準備在國外使用。張姓軍官原本是一位國軍楷模，前途大好，卻因為此案被判處有期徒刑七年，頓時成為階下囚。

二、牽涉單位

（一）張姓軍官的直屬長官應負連帶責任——會計上的現金管理制度規定，掌管現金（出納）不得管帳（會計記錄），管帳（會計記錄）不得掌管現金（出納）。其次，核簽支出憑單時，應仔細審核其內容。平日對張員的業務工作應負監督之責的指揮部中校主計組長都未做到，主計組長職位如同虛設。

（二）具有獨立地位的總部督導人員應接受懲罰、糾正——督導員並未秉持公正嚴謹的態度，檢查張員的工作業務，更不應該接受對方之招待。

三、相關單位狀況處理

（一）張姓軍官的直屬長官，亦即該指揮部主計組的中校組長，因該案遭記大過乙次，並調離主管職位，待退。

（二）依主計作業規範，該單位重新分配單位人員業務。

四、問題癥結與分析

案例中的張員是屬於內斂型、高智慧犯罪者，單身而且每月薪資近40,000元，應足夠其開支。但是在工作環境監督制度不健全的情形下，容易導致張員心生歪念。根據美國KPMG聯合會計師事務所負責人Peast Marwick 調查全美國前2,000家大企業的員工舞弊案中發現，發

生舞弊的五大類分別爲：侵佔資產占 20%；僞
造、變造票據占19%；信用卡舞弊占15%；假
發票請款占15%；偷竊占12%。張員個案即爲
員工舞弊的侵佔資產行爲，分析其原因有下列
六點：

（一）業務分配不可因組織變革引爲藉
口，問題在於管理階層，如何運用現有組織採
用交叉作業方式，減少均由一人把持的問題。
因此，單位主管應了解如何建立稽核制度，才
不致使內控發生重大缺失卻不自知。

（二）國軍「精實案」及近年「精進案」
之執行人力精簡政策，已爲必然之趨勢。主計
部門人手不足，容易造成負責業務的軍官無法
定期休假，以及做適當的職能分工。單位主管

應該運用組織管理，以內控的分工
原則，將核准（Authorization）、記
帳（Recording）以及資產保管
（Custody）三項職責分類辦理
（ Weygandt, Kieso & Kimmel,
2003）。此外，管理當局可在成本
（cost）、控制（control）以及便利性

（convenience），即所謂的3C 原則之間，思考如何取得平衡（吳宗籓，2003）。

（三）外部環境的影響：張員有赴國外繼續深造的計劃，可能受到財力的壓力，引發其犯罪僥倖心理。

（四）總部派來進行業務視察的督導官應該採利益迴避原則，亦即督導官與被檢查人之間應互不相識，並嚴格禁止接受招待。

（五）對現金管理人員的財務軍官實施忠誠保險，轉嫁組織的現金管理風險，降低事件發生所造成的損失。如牽涉到國防軍事採購機密，軍方可要求保險公司簽訂保密契約。

（六）單位主管除平日業務往來之外，應該與部屬建立良好的互動關係。本案從總部督導長官，到單位實施業務督導，對張姓軍官出手大方的跡象，就應產生懷疑。這些可藉由邀約出遊或其他同僚間相處詢問方式，或關懷部

屬休假狀況，深入其內心，以掌握必要資訊，防患未然。

五、管理模式修改與調整

針對如何健全軍中財務安全管理制度，本文建議修正的方向如下：

（一）彙整、分析軍中因財務內部控制不當所引發的舞弊案件，並針對軍隊的組織架構及指揮鏈，設計一套部隊財務管理機制。

（二）軍隊的一切收支發生時，應立即記錄，並設立應付憑單制度（voucher system），作為其現金支出，內部控制的一部份。憑單制度是指軍中每一筆的支出都經過獨立的授權軍官核准，所形成的廣泛網狀組織，以確保所有透過支票之支出均為適當（Weygandt, Kieso & Kimmel, 2003）。憑單是指每次支出時，所填製的授權表格。編制憑單的起點，是負責出納的軍官，將對方所持的發票金額登入該憑單（計入憑單登記簿），並按付款日期歸檔，待憑單到期時，在憑單上加蓋「付訖」字樣，並將已付款憑單送至負責會計記錄的軍官作記錄（計

入支票簿）。

（三）所有單據、帳簿須建立聯號，以防止丟失，達到記錄完整的控制目標（吳宗藩，2003）。

（四）在資料處理電腦化的財務系統環境中，輸入、處理及輸出的控制，應符合下列處理流程（如圖1）。應用系統目標包括確保輸入合法、正確，處理更新完整、正確，以及檔案保存正確、完整及安全之控制三步驟。為確保

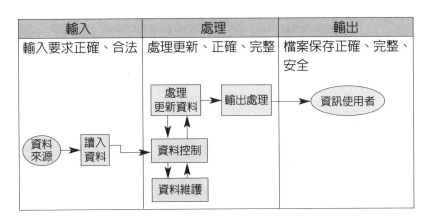

圖1　財務系統環境中，輸入、處理及輸出控制流程圖
資料來源：吳宗藩（2003），《審計學》，第228頁

資料源讀入時，是否正確與合法，應做到合理性檢查、相依性檢查、存在性檢查、格式檢查、計算正確性檢查、範圍檢查及檢查碼核驗。執行第二步驟之目的在於確保輸入完整的控制，處理更新資料及資料控制時，可由電腦程式執行檢查輸入之資料編號是否連續，再由電腦程式核對輸入資料之鍵值，確定是否與以前處理過的資料檔之鍵值相符，最後執行加總控制，並將報表輸出內容與原始憑證逐項比對，以維護資料之正確及完整（吳宗籓，2003）。

（五）上級監督進行方式，可採持續督導以及個別監督。監督是內部控制、執行品質的評估過程，當有需要時應加以彈性的修改。上級督導內部控制的目的，是為確定內部控制是否依原先設計之制度執行，以及考量實際情形，決定是否需做適當修正。上述兩種監督方法敘述於後：

1.持續監督：各單位的相關主管階層、部

隊指揮官對執行業務軍官，進行持續性
監督。

2.個別監督：由外部（本案例則由陸軍總
部派員）人員採定期及不定期監督。

（六）所有支出均必須有長官核准支付的
憑證，大額支付一律由支票支付，並與銀行寄
來的「銀行對帳單」製作銀行調節表，藉以了
解資金變動的原因及資金的流向（Weygandt,
Kieso & Kimmel, 2003）。

（七）除了課業的教導外，學校還應該加
強軍官道德意識，以及教導有關的法律知識，
讓在學校的「準」軍官們，能深刻了解其將來
所擔任工作職責的重要性及警覺性。

（八）落實內部管理，以循公、私誼方
式，多了解部屬問題，分享工作上經驗及關心
家庭狀況，使工作環境成為一個大家庭。強調
個人違法將影響全體同仁的榮譽觀念，促使個
人在執行業務上能更加謹慎（Robbins, 2001）。

六、結論

　　出納係管理現金的人，而現金是所有資產中最容易產生弊端的，故掌管出納的軍官首重道德操守。財務軍官的養成教育，應該特別強調道德操守的培養以及法律教育。此外，應該針對軍隊的組織架構及指揮鏈，設計一套部隊內部控制的財務管理機制。內部控制的實施不可因人、因環境而廢制，軍中如果發生類似本文所舉之案例時，其整體環境及制度都應該作徹底檢討，不能視為張員一人的過錯來處理（Robbins, 2001）。

七、參考文獻

1.Robbins, Stephen P. & David A. De Cenzo著，林建煌譯（2001），《現代管理學》，台北：智勝文化，第431-449頁。

2. Weygandt, J., Donald E. Kieso and Paul D. Kimmel（2003）, Financial Accounting,4th ed., New York : Wiley & Sons, pp.327-350.

3.吳宗藩（2003），《審計學》，台北：智勝文化，第46-76、226-230、478-483頁。

第11章

營建管理防制弊案

軍事工程弊案與營建管理——糊塗一時、遺憾終身

朱陳鈞岳*、林偉傑**、呂德根***

思考指引

　　軍事工程營建係與民間企業接觸相當廣泛的事務，且與國軍財務與監察單位的業務息息相關。事實上，國軍基層幹部雖未直涉及營建管理事務，但仍須養成依法行政的觀念，培養出廉潔的操守，期能在未來接觸類似工程營建管理時，能預先建立正確的觀念，有效杜絕貪贓枉法等情事的發生。

　　藉由本個案的分析與探討，期盼能從中明瞭軍事工程營建管理的基本概念，以及比較容易發生弊端的環節，從而學習相關之管理技能，以積極的作為與嚴守分際之正確的心態，來面對類似的營建管理任務。

學習重點

1.依法行政與標準作業程序。

2.軍事監察制度之效能。

3.對行政程序及作業流程之正確認知。

4.現代軍事幹部應有之崇法務實觀念。

5.現代軍事幹部強化廉潔操守的重要性。

*陸軍軍官學校　行政科中校科長

**陸軍軍官學校　行政科中校參謀官

***陸軍軍官學校　管理科學系講師

國軍各級機關、部隊、學校之戰備、教育、訓練、醫療、補給、生產修護、官兵生活設施等工程之興建,近幾年來的工程投資金額日趨龐大,各項軍事工程的執行過程中,更加講求設計周延、發包透明、施工嚴謹、驗收確實,並且能如期、如質、如量完成營造任務。

對軍事工程營建管理而言,如何訂定嚴謹之軍事工程品質稽核措施,構建管理回饋系統,藉由軍事工程管理的回饋功能,構建一個週密循環的「軍事工程管理體系」,已是刻不容緩的事情。唯有如此,始能因應變革,以漸次提高行政效率,並且建立「軍事工程,品質一流」軍事營建工程新形象。

在這我們特別將個案中的弊端及處置情形,用管理學的相關理論來分析問題的癥結,俾提供管理者決策的修改與調整,期盼崇法務實的觀念,能在現代化軍事幹部中落實深根。

關鍵字: 軍事工程、營建管理

一、案例發生經過

聯勤總部上校古姓副組長，中校林姓工程官，平時與民間工程承包商許姓老闆的私人關係極為良好，乃至兩人在自軍中服役期滿退伍後，直接受聘前往許老闆所屬公司上班，並且獲得相當優渥的薪資待遇。

民國X年X月，許老闆與兩人共同研商之下，同意按月撥給兩員每月30,000元上下的行賄金，作為打通與聯勤的關係用。在連續招待現役承辦人員喝花酒與其它性服務之後，促成該公司所承包的工程獲得「快速驗收」之資格，於是彼等乃偽刻印信，以及偽造銀行履約保證書，使聯勤總部在查驗不實的情況下，給付該公司達六項工程預付款，金額高達1億4,000萬餘元。

無獨有偶，許老闆為順利標得國防部採購局之發包工程，亦採類似手法行賄國防部中校監察官，該監察官在開標前洩漏工程底價方式，順利標得十餘項大小不同的工程。在招標

過程中，雖然許員明知自己身為乙級廠商，與國防部採購商規定承包資格不符，為順利獲得承包工程，乃透過關係人士行賄國防部採購商，免費招待單位承辦人全家赴美旅遊，並安排酒色招待，順利取得進入遴選廠商名單之資格。

此外，許員也持有偽造的銀行履約保證書、預付款連帶還款保證書及法院公證書等，前往聯勤營工署違規完成承包工程訂約程序，並違法取得多項工程預付款，總計獲得不法利益高達2億元。在多項罪證確立之後，許老闆與古姓與林姓等十餘名退役軍官，均被檢方依「貪污治罪條例」提起公訴，至於現役軍官之涉案部分，則由軍檢署另案偵辦。

二、牽涉單位

軍事工程預算屬國家整體施政預算一環，依「中央政府總預算附屬單位預算編審辦法」，年度計畫與預算之籌編，應「注意與長

期計畫相配合」，各項計畫均應「配合工程進度及實際執行能力」核實編列預算。事實上，軍事工程之全程管考乃環環相扣，本個案涉及軍事工程執行期間，不但可能有土地撥用、洽購徵收不當、工程設計延宕、計畫與預算配合失調、未依規定議價與招標、發包與開工落後等弊端，且涉及私自變更設計、行政效率不彰、法令制度不健全，以及監察人員專業素養不足等問題，堪稱是完全未發揮對軍事工程進度之「全程管考」機制。

　　正由於整個營造程序未依規定執行，致使諸多因素懸而未決，難免會造成預算失控，無法按時程管制支用。除此之外，本個案中之許老闆與古、林兩員，不但涉嫌製造假印信，且涉嫌偽造銀行履約保證書、預付款連帶還款保證書及法院公證書等文件。故本個案所牽涉之單位，也就絕非軍方各階層而已，舉凡被領款項的銀行，以及憲、警、調等單位，均包括在牽涉單位之內。

三、相關單位狀況處理

監察單位依據「檢調機關與採購稽核小組加強聯繫與合作事宜」規定，搜集各項違法事證，供檢、調機關偵辦參考運用。除此之外，單位在事件發生後，亦依照「中央機關未達公告金額採購招標辦法」，由監察單位研訂議題、比價方式、程序及廠商遴選標準等作業規範，以提昇行政效率，並防堵暴力及貪瀆等不法介入，建立一套公開、公平、公正之作業程序。

監察單位亦重新檢討各機關部門採購辦理情形，加強協助推動公共工程品質抽查（驗）工作，除所見違法事實隨時提報單位主官（管）作為業務策進參考外，並對採購人員品德操守嚴加考核，落實審查承（主）辦採購人員之財產申報資料，機先防範類似貪瀆案件之再度發生。

在狀況處置過程中，為貫徹「掃除黑金行動方案」中的防、肅貪工作指示，避免可能有黑道及貪瀆不法份子，以「圍標」、「綁標」、

「低價搶標」及「特權關說」等方式介入，破壞營建秩序，影響發包進度，使優良廠商無法或不願參與競攬，形成「劣幣驅逐良幣」反淘汰現象發生。監察單位除提出工程弊端與因應措施，期能在未來工作執行過程中，確保投標廠商權益及採購機關之興辦效益外，亦積極篩檢單位內，其餘重大採購案件之辦理情形，了解其在作業過程中，是否有規避之相關事證，或其他類似之違法事項。

　　單位除檢視機關採購作業流程是否符合「政府採購法」與相關規定外，亦依據法務部頒「採購作業事後查核注意事項」及「政風機構配合機關辦理採購應行注意事項」，督導單位內部建立採購作業程序，秉公正、客觀立場，針對採購流程辦理，適時建立稽核、受理檢舉，從中發掘問題與弊端，解決弊失問題隨時檢討目前執行之利弊得失，有效防範關說影響採購作業行為，並注意採購人員品德操守，杜絕爾後任何影響採購公正之情事，俾利爾後之採購業務正常化。

四、問題癥結與分析

對管理而言，「人」是主導一切事務的最主要因素，在探討組織行為偏差的過程中，個體行為價值觀念常常會受社會環境影響而變質，同時不法商人刻意製造金錢陷阱誘使不肖承辦人員貪弊，若再加上法令、制度不夠嚴謹明確，監察人員未能確實查核及持續監督的話，往往就會肇生弊端。茲將本個案之問題癥結分析如下：

（一）人員選用及考核欠周延：組織內人員的考選任用是單位內監察、工作績效之根本。對於工程單位及業管監察、主計或審監單位等與財務相關的行政人員或幹部，更應嚴格考核任免。對於現任人員更應時時留意是否有偏差行為產生；偏差行為的認定相當廣泛，需特別注意的是，必須在不影響團隊士氣及群己關係的狀況下，查核所屬是否有不當的金錢運用及社會關係。個案中退役副組長及工程官接受許老闆唆使對其原單位內所屬人員行賄，致使形成垂直的共犯體系產生弊病，即是相關單位對於人員考核未落實所致。

（二）發標作業未依法定程序執行：由於發標作業欠嚴謹，使得個案中的許姓廠商為標得此項工程而有機可乘，透過行賄國防部中校監察官及承辦人員，在獲得工程底價後，順利標得十餘項工程。事實上許員為乙級廠商，若未透過關係人士行賄榮工處，絕無可能取得進入遴選廠商名單之資格。也正是由於發標作業未依法定程序執行，才肇生洩漏底價、領標名單外洩，規避上網公告等不法情事發生。

（三）開標作業程序控制不良：招標機關規避「政府採購法」違反採購效益，招標文件規範訂定不夠明確、周延，造成主持開標人員圖利特定廠商，先以較高標準排除競爭者後，再故意放水護航通過審查或以近底價核定。諸如發現招標文件內容有瑕疵時，不但未依正常程序處理即獲及時更正，而於開標當場宣布補充規定或修正規格，或逕以有權解釋招標文件為由，自行擴充解釋或恣意認定投標廠商資格條件，終究造成本個案未依規定議價與招標而所產生之弊端。

（四）監察單位未發揮監察責任：個案中退役上校副組長等人偽刻印信及銀行履約保證書等皆未被察覺，可見監察單位未恪遵「採購法」第十二條「機關辦理查核金額以上採購之開標、比價、議價、決標及驗收時，應於規定期限內，檢送相關文件報請上級機關派員監辦」嚴密稽核制度之規定。案中國防部中校監察官甚至涉嫌接受賄賂，不但未全程管考確實查核招標及開標作業，反而在開標前聯合承辦人員洩漏工程底價圖利廠商，顯示監察單位顯然未盡端正風氣與廉潔行政之責。

五、管理決策修改與調整

工程弊案於單一個體或組織弊端發生時，在檢討的過程中不光只是在尋求事情發生的原

由或一個解釋，預測與控制組織行為才是我們在修改與調整管理決策時必須特別注意的事項，其必須包括人、事、制度的考量，以求建立公平、公開的採購招標作業，遴選優良廠商來執行採購標的物。事關整個採購案，

能否由最符合招標規範所訂條件之廠商承攬，以達採購目的之重要階段，因應及研討意見如後：

（一）強化作業人員管理：團體組織執行成效皆受個體行為的影響，而影響個體行為的關鍵變項取決於價值觀、態度、人格、能力，如圖1。（Robbins, 2001），再由個體行為進而影響組織行為，形成水平或垂直的共犯系統，造生弊端。如同案例中的退役副組長及廠商一樣，在基本的價值觀念上已產生的偏差，而影

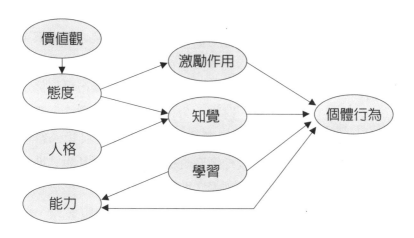

圖1：組織行為的關鍵變項

資料來源：Robbins（2001），《組織行為》，第44頁。

響工作態度促使其貪弊的行為，加上組織內部業管與經費運用及具監察責任相關職務的幹部疏失，致使貪弊發生。故國軍各級工作人員及幹部，除對本身職務應具備的專長專業外，對於相關業管有關之法令規章更應熟黯遵守，管理階層的責任和技能皆可奉行不諱，層層節制、層層負責。有效能的管理控制配合健全的法令制度兩者兼備，則可收事半功倍之效。

（二）恪遵正常招標作業程序：辦理採購時招標文件中需明訂並確實查核有無違反「採購法」內，規定不得參加投標或分設廠商之情形；對於選擇性招標或限制性招標之比議價案件，訂定底價時應檢附相同條件之市場參考價格，開標後確實查核有無高於同樣市場條件之相同工程、財物、勞務案件之最低價格，避免濫採限制性招標及防範價格偏高浪費公帑情事。訂定投標廠商資格，不得限制其設立地或所在地，並透過定期或不定期稽核查察發包方式有無依法定程序或權責劃分規定簽報，公告、上網、領標（圖）、等標期等作業流程應確實掌握，於招標文件中加印服務（檢舉）電

話或檢舉信箱，發現發包作業有瑕疵或經查證確有「綁標」、「圍標」事實者，應即簽報停標或廢標重新辦理，並依規定追究相關人員及廠商責任，確保合法廠商權益。

（三）採購作業資訊透明化：將決標之資訊刊登於「政府採購公報」，於等標期內持續於機關門首公告，落實公共工程招標文件公開閱覽制度，透過公開閱覽預先發現採購招標文件中相關錯誤、疏漏、不當限制競爭或須澄清等情事，避免於開標後廠商與工程主辦機關間之爭議影響採購效率，對於公告金額以上之採

購，如有分批辦理之必要者，依經濟部商業司所編訂「公司行號營業項目代碼表」所列之大類、中類、小類或細類項目為限，經上級機關核准不得再為更細微之規定，必免造成不當限制競爭之情形；推動電子領標讓廠商無須親自到招標機關領標，只要透過網路下載就可取得標單及相關文件，慎防領標名單外洩，公開招標或選擇性招標，其自公告日或邀標日起至截止投標日止之等標期應訂定十四日以上之合理期限，以提高採購效率並杜絕「圍標」、「綁標」情事。

（四）落實逐級監辦全程管考：為避免上級規定流於形式化，各上級機關應確實依照採購法規作業，對於文件發給、發售或郵遞時，不得登記領標廠商名稱，工程規劃內容、發售標單數量、投標廠商名單、核定底價等相關資料，應以密件方式呈核訂定指定專人密封保管，至開標時間前再行取出，確遵保密責任制度。對於重大工程招標時更應訂定專案機密維護措施全程監控，並於發包現場蒐證防制「圍

標」措施，對於開標時發生或開標前即已知悉「圍標」之案件，應協請檢調、憲警於現場監控蒐證避免發生影響採購公平競爭情事。事實上「圍標」、「綁標」情形並不難發覺，若監察監察單位可及早發覺即可防止弊端產生，可能涉嫌「圍標」情況包括下列各項：

1. 押標金票據連號或由同一家金融機構開具。
2. 投標文件由同處郵局掛號寄出互連號。
3. 投標文件筆跡相同。
4. 同一廠商授權不同廠商對同一案件投標。
5. 廠商投標金額與底價差距甚大。

六、結論

「部隊管理」最主要者在於對「人」的管理，並以此為基礎產生對「事」及對「物」的科學管理應用。國軍幹部在執行工作任務時，往往為了便於工作執行貪圖方便，逃避應遵循的法令規範。在檢討這個弊案的過程讓我們體認到，身為現代國軍幹部不能不對經費支用及

擬定計畫有基本的認知，對於自身的道德操守更應用高於一般人的標準來檢視自己，各機關辦理採購應講求更公開、合理，更重要的是必須依照「政府採購法」及「行政程序法」支用各項經費。

因此，在國軍幹部精簡及組織強化各單位職能後，各級幹部及工作同仁應本國軍貫徹「計畫、執行、考核」精神，注重管考，運用現代化管理技術，期使「任務與資源結合為一體」，「計畫與預算配合成一致」，以「設計指導計畫」，以「計畫主導預算」，以「預算達成預期之軍事目標」，見微知著，防範弊端於未然。

七、參考文獻

1.Robbins, Stephen P., 著，李茂興譯（2001），《組織行為》，台北：揚智文化，第44頁。

2.《八十六年公共工程品管工程師班教材》，行政院公共工程委員會。

3.《中央政府各機關計畫執行進度考核獎懲作業要點》，行政院。

4.《中央政府總預算附屬單位預算編審辦法》，行政院。

5.《中華民國八十四年公共建設報告書》，行政院公共工程委員會。

6.《公共工程施工品質管理制度》，行政院公共工程委員會。

7.《公共工程施工品質管理管理作業要點》，行政院公共工程委員會。

8.《政府採購法》，行政院公共工程委員會。

9.《國軍營繕工程教則》，國防部。

10.《營建知訊》，1997年6月，財團法人台灣營建研究院。

第五篇　化危機為轉機

第12章 「危機管理」的策略思考—— 以軍隊危安事件探討

呂博中*、全子瑞**、陳宏詩***

思考指引

軍隊組織龐大、裝備種類與數量繁多，且經常任務重疊，為使其正常運作發揮戰力，將人、事、物與時間做「對」的管理尤其重要，任何工作的執行皆應講求程序、步驟與要領。因為管理失當所肇生的不良後果，甚至引發危安事件，對個人與團體都是傷害。所以國軍幹部對於如何強化「危機管理」能力，以避免「危機處理」，是不可忽視的課題。做好「危機管理」，免除幹部額外的負擔，可投注更多心力從事部隊訓練與戰備整備。

學習重點

1.「危機管理」，尤其著重在「事前的預防與管理階段」。
2.如何以適當之決策化危機為轉機。
3.「策略思考」與「策略管理」。
4.自詡「知識軍官」做「對」的管理。
5.軍隊「內部管理」實務工作的重要性。

＊陸軍軍官學校　上校副教育長

＊＊陸軍軍官學校　學專指揮部上校指揮官

＊＊＊陸軍軍官學校　中校營長

危機管理（Crisis Management）與危機處理（Crisis Handle）不同；所謂「危機處理」係指危機爆發後所採取的因應措施，它著重於「事後」的處理，也就是在危機發生之後，針對當時狀況及危機情境研訂執行策略，以消除危機或減少損失。而本文所強調的「危機管理」包括危機的事前防範、事中及事後的處理等彼此連續的完整過程，尤其著重在「事前的預防、管理階段」，因為如果僅是在危機發生時才開始處理問題，不但無法治本，且有事倍功半的缺點（王振軒、李炳友，1999）。國軍幹部應了解危機特性並建構一套以「人」為主的整合性動態管理模式，才能使部隊避免或減輕危機所帶來的威脅。

而「策略思考」則是領導或管理者用來為其組織創造、刻劃願景之精確藍圖的過程；此舉有利輔助策略規劃的分析與發展，並溝通和執行選定策略的過程。從組織頂端「往下觀照」（trickle-down）計畫流程，同時「由下往上」實施目標建構，兩者相輔可確實掌握所有策略議題所需之相關資訊（洪瑞麟，2001）。

　　危安事件對官兵個人、整體戰力的損失程度影響甚大，所以國軍幹部對於如何作好「危機管理」，是不可忽視的課題。軍隊管理的基礎工作主要包括三個面向：一是對「人」的管理，軍隊的一切活動都皆由軍人組織和操作，軍隊建設預定的目標也是靠軍人個體和群體的活動來呈現。每位軍人都應有固定的職務，接受專業的訓練，才能符合組織的需求，以遂行各項任務，因此我們說：「人有定職」。二是對「物」的管理，軍隊組織體系龐大，裝備種類與數量繁多，需要有效良好的管理與運用，才能充分發揮裝備物資的功效，所以我們說：「物有定位」。三是對「事」的管理，軍隊事務繁重，凡事必須講求步驟、程序與要領，遵循專業與標準化的行動準據，才能避免疏漏，這是所謂的：「事有定規」。依此，本文強調基層幹部應建立「危機管理」基本的認知，並強化其「危機管理」的能力，做好「危機管理」就可避免「危機處理」，免除幹部這些額外的負擔，將可投注更多的心力從事部隊訓練與戰備。

關鍵字： 危機管理、危安事件、軍隊管理

一、案例發生經過

陸軍某部隊，刻正實施演訓前機動裝載。中士王姓車長負責檢查所有輪型車輛油箱是否依規定加注八分滿，由於天色昏暗，遂利用打火機點火照明，火光出現瞬間，同時產生強烈氣爆，王員左臉與前胸嚴重灼傷。

翌日，部隊從大甲出發向關廟前進，執行訓練課目，至黃昏進入宿營地區稍作休息。此時，一兵蕭員與二兵秦員藉故偷溜至附近商家飲酒作樂，因談笑聲響過大，造成鄰桌不滿，雙方一言不合大打出手，經路人報警處理，渠等被扭送憲兵隊。

第五天，演習結束，部隊返回駐地。人員雖疲憊不堪，但車輛、武器、裝備的保養及復原工作刻不容緩，否則將延誤後續面臨的任務。但連隊例行的勤務卻無法減免，衛哨輪值相互推託，沒人上哨、彈藥庫定時檢查沒人去、電台未即時架設無法通聯，連隊呈現一片混亂。

有人要求調整衛哨輪值時間、有人計較公差分配不均，爭執越來越激烈，十幾個人圍著值星官吵成一團，值星官幾乎無法控制。

二、牽涉單位

軍隊發生危安事件，有其主觀成因與特性，但根源於外在社會環境的客觀條件，亦不容忽視。所以軍隊的問題應該從宏觀的角度來作探索與理解。台灣隨著民主化與資訊的發達，社會急劇變遷，軍隊領導統御的價值觀受到重大的衝擊。

例如，媒體若對本案過度渲染與不實報導，對軍人形象立即產生負面影響。其上級長官（營級、旅級等）必須額外調度人力、時間協助處理；排擠原訂例行工作資源，壓縮其他工作品質。肇事單位也因為處理危安事件，必須虛耗相對人力與時間，影響任務遂行；中士王姓車長受傷後，其未完成之勤務需轉嫁他人，且需另外派員擔任看護；蕭、秦兩員移送法辦，職務臨時亦無人遞補。這些損失的人

力，其勞務遂由其他人分擔，造成連隊困擾。而渠等父母、家人、親友身心受創，影響工作情緒，甚至過度擔憂，而危及健康。因此，本案非僅傷害個人、團體，且連累連、營、旅級主官（管）、幕僚，波及數個家庭與親友，損害國軍整體名譽，影響甚大。

三、單位狀況處理

該連隊有鑑危安事件接踵而來，為維護軍紀與戰力，每週利用星期四分組討論時間，召開不拘形式的「安全會議」。以人、車、槍、彈、油、水、電、瓦斯之順序為討論重點，「由下而上」讓弟兄本身來檢討，發掘平日忽略的問題、官兵個人應注意及改進的事項、連隊可精進的措施，並依「事件」的特性完成其行動準據、檢查表及安全規定。如有重大興革或顯著貢獻者，給予獎金之獎勵。這樣等於官兵自己親身參與安全工作，協助幹部發現問題，同時激發連隊向心力，使全連弟兄參與安全工作，並成為生活的一部分，所有人動起來「找問題」解決。

　　另外，蕭、秦兩員在入營前就有「盜匪」、「違反槍砲管制條例」及「強姦未遂」等諸多前科。入營後仍素行不良，常有逾假不歸或喝酒打架的情事發生。經連隊幹部不斷溝通輔導，並安排渠等擔任附近鄉里的「愛鄉小天使」。利用休假時間，維護鄉里環境或幫助貧困、獨居老人修繕房舍等工作，也協助附近住戶守望相助，委請附近鄉里長頒發感謝狀。藉社服工作，無形培養其正義感、道德觀外，同時幫助部屬肯定自我，建立自信心與正確的人生目標。半年後，這兩人不再是問題人物，而是其他弟兄的典範。足見，道德與良知是可以經過啟發產生效應的。

　　衛哨勤務與休假是基層弟兄最關切的問題，部隊人員狀況經常異動，每月都有退補、支援、受訓，而且每天都有人休假，還要執行戰備。該連隊為遂行任務同時維護官兵權益，採集體決策模式，每月皆召開「勤務協調檢討會」。由弟兄來參與、檢討連隊的各項執勤狀況是否合理，在不違背法令規章、兼顧全體利益與任務遂行的狀況下調整。衛兵的輪值順序

是大輪、小輪、左輪、右輪，不管怎麼輪，必須是符合公平、正義且沒有欺負新兵的原則，連隊都可以接受。在「說明白，講清楚」的原則下，溝通並取得共識。幹部依據法令規章嚴格執行，防止「有限自治」的無限上綱，以確保「參與權」的品質。而且，嚴格監督執行過程與成效，以維護此項措施的信度與效度。

四、問題癥結與分析

依據歷年部隊所發生的危安事件，以逃亡、吸毒、竊盜、過失致人於死及公共危險最多；而車禍、自我傷害、訓練失慎及工作失慎等為最常見傷亡類型。就肇因探討，在個人方面有：1.官兵感染不良習性。2.法紀觀念淡薄。3.玩忽安全規定。4.環境適應不良。5.心理情緒失衡。在幹部管理方面則有：1.安全教育不實。2.幹部對本身的權利與義務不詳，或執行意願低落。3.知官識兵不深。4.訓練紀律不嚴謹。5.命令貫徹不力。以上都是從在營官兵所反應出的社會價值觀，

也是形成部隊危機的因子（青年日報社，
2001）。針對本案檢討，牽涉以下幾個問題：

（一）勤前教育落空

中士王姓車長在執行任務前，連隊長或值
星官應對其實施勤前教育，詳細說明工作內
容、時間（限）、地點、程序、步驟以及安全
規定，檢查所需工具、安全設施是否備妥，抽
問、驗證執勤人員對任務熟悉程度；同時進行
案例宣教，加深其印象，俾利任務圓滿達成。

（二）法紀觀念欠缺

軍紀的維護旨在貫徹命令，健全領導統
御，確保官兵權益，促進團結、鞏固戰力。案
內違法、犯紀人員的行為，完全是藐視軍紀與
團隊榮譽所然。該連隊應針對渠等，經常實施
機會教育、示範教育，並安排軍法紀教育、心
理輔導等諮商課程，強化其法紀觀念。

（三）人員管制鬆散

根據部頒「國軍內部管理實務工作指導手
冊」，幹部本應利用早、晚點名及各種時機，

清查人數，發現未到即徹底查明與處理。軍隊任務繁重，人人均需納入管理，透過教育、訓練、考核，運用其專長，才能發揮整體效益。人員管制落空，遑論其他工作的推行。

（四）值星勤務空轉

值星官承連長與上級值星官指示，實施分派計畫或臨時性勤務、督導軍紀營規、擔任部隊指揮、秩序維護、巡查衛哨、管制械彈、按表操課、掌握人員動態等工作。身為幹部，分不清自己與部隊之間的權利與義務、職責與權限，處事無章法可循，是相當嚴重的脫序。根本的問題沒解決，就談不上執行力與貫徹命令。

（五）計畫作為不周

軍隊事務有其複雜性、鈍重性，凡事均需詳訂計畫與行動準據，例行工作更應策訂現行作業程序與應變計畫，使任務遂行不致停滯。案內連隊幹部，早在部隊出發演訓前，就應完成復原計畫。舉凡衛哨勤務、公差分派與檢查驗收等工作，應有周詳安排，進而與後續任務

接軌，避免造成部隊的慌、忙、亂。

（六）任務分配不均

　　工作分配要通盤考量任務、能力、專長、優先順序及勞逸平均，明確下達工作目標及完成時限，並提示工作要領與安全規定。如遇特殊狀況，需加重單位或個人負荷時，應說明原委，予以適當獎勵或適度慰勉，以釐清多重目標與多項任務之主從。

（七）組織功能失效

　　連長以下設有副連長、輔導長、排長等軍、士官等幹部（建制內編制），連隊亦編成若干互助組（任務編組），善用這些組織，即可達成安全防護的工作。案內發生意外傷害、擅自脫隊、喝酒滋事、任務分配不均等事件，顯見平日人員考核不實，未列管、掌握有安全虞慮的戰士，亦未發揮組織追蹤輔導、管教互助、預防危安的功效。

五、問題解決與管理決策之對應

　　本文所謂之「危機管理」意寓「預防勝於治療」。因此，建立各種完善的預防的措施與相關的安全工作，遠比事後檢討來的重要。危機管理是二次大戰以後興起的研究課題，當國際社會為了維持和平，甚至不惜採用「以暴制暴」的手段時。1962年10月，美國總統甘乃迪成功化解古巴飛彈危機，讓國際政治學者認識到「危機」是可以被當作一個單獨現象加以處理，進而被當作一門專門的學科來研究（明居正，1998）。

　　從事危機管理的學者可分為兩大派系：一為國際關係或國際政治學者；二為公共政策學者。我們可以從這兩派學者對「危機」的界定中，有更清楚的認識。根據哈曼與查爾斯（Hermann & Charles,1969）、菲克（Fink,1986）、張中勇（1992）、朱延智（1999）的研究成果，歸納以下幾點：（一）危機是經過漸變、量變，最後才形成質變，有其發展的階段性（如圖1），而且是有跡可尋，能事先預防降

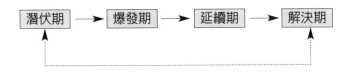

圖1 危機發展的階段

資料來源：康之政（2000），〈危機處理的教戰守則〉，
《中衛簡訊》，第145期，第9頁。

低損失的，並非突發事件。（二）危機具有高
危險性、高爆炸性的，其後果相當嚴重。（三）
面對危機的反應時間短促，衝擊決策情境。

圖1顯示危機發展的階段區分，潛伏期尤
重偵測、預警；爆發期至解決期是危機擴散、
考驗當事人智慧、著重於危機處理的因應對策
與危機落幕的檢討回饋、心理復建，屬異常管
理的範疇。通常組織或個人，因自滿或太熟悉
而忽略掉危機的信號。當危機出現時，又誤解
危機即將消失不需採取行動，導致意外發生，
甚至造成組織分裂。

故國軍幹部應針對危機的屬性、因應環境
的變遷、掌握潛藏因子，做好應變計畫。故危

機管理是一項不斷修正及學習的適應過程，善用我們的智慧與創意，可藉適當之決策化危機為轉機。前例案內連隊管理者，未能充分發揮積極的主動性和創造性，運用行為科學，塑造新型人際脈絡，完成連隊各項內部管理事務。管理人員對工作管制掌握欠妥，無形肇生諸多危險因子，使連隊進入危機發生的第一階段潛伏期，但幹部卻未能發覺，致使危安事件的產生（第二階段爆發期），處理未然又連續出現其他問題（第三階段延續期），導致幹部需額外付出時間、心力，檢討改進以解決問題（第四階段解決期）。

　　但在防範危機的角度研擬策略時，亦需了解策略管理（strategic management）及其程序，使目標更明確，再以徹底的執行力灌注，可獲致最佳的成效。林孟彥（1995）曾提出組織的策略必須有一套規劃、執行與控制的管理機制，始可獲得長期績效，此機制稱為管理決策程序（如圖2）。其中區分八個步驟，步驟一至六屬策略規劃，第七是執行，第八是評估結果三個部分同等重要。如本文案內連隊針對危

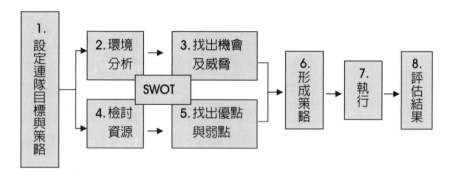

圖2　策略管理的過程

資料來源：改編自林孟彥（1995），《管理學》，第198頁。

機的出現，重新設定組織主客體目標（建立一
個守紀律、有效率、人性化管理的連隊），實
施連隊內、外的環境、條件分析，以尋找組織
內部的機會與外部的威脅，同時檢討本身可獲
得、運用的資源，分析其優勢與弱勢，經過連
隊內部充分協調、制訂激勵措施、建立權變領
導與管理即培訓（教育）的理念，經過這些思
考與操作，形成策略並貫徹執行，待評估後不
斷修正改進，以塑改連隊組織環境與風氣，完
成其社會角色體系的建立。

故管理決策應考量人性的本質與行為，把

「人」當作一種資源而不是成本，經過教育與
訓練，建立倫理化的人際關係，可有效預防
「管理失當」的情形發生。管理者不能老是以
事後「處分」作為手段（更不得以此為目
的），應設法運用事前「除罪」的思維（連隊
幹部替官兵作完善的設想，經過教育訓練，避
免讓部屬犯錯）來提升組織的效能。綜上所
述，案內連隊就是運用「危機管理」的策略思
考，研擬精進辦法，其作為與管理決策相互對
應之要項，分述如後。

（一）預防管理

1.找問題是幹部首要工作

管理過程可以分為三個階段：發現問題、
解決問題、追蹤輔導與檢查（蕭湘緒，
2000）。一般往往只注重後二個階段，忽略
「發現問題」的重要。許多管理者沒有工作計
畫，狀況也沒搞清楚。老是被「問題」追著
跑，每天打「遭遇戰」，造成部屬經常以「一
夜精神」來遂行任務。工作的品質當然不佳，
同時容易發生危安事件。這種類似「賭徒」的
領導者，問題爆發就怪「運氣」不好，從不檢

討自己的管理方式。亦不知「防微杜漸」的工作是「無假期」的；只是忙著解決找上門的問題，沒有主動預防能力。

2. 找問題的途徑

前例單位在案發之後，運用集體智慧、動員組織力量，事先規劃任務，上下一起「找問題」解決；並強化勤前教育的功能性，以教育訓練的方式，改善單位體質，就是在實施預防管理。然找問題需講究方法，以深化其功效，如下說明：

（1）隨時掌握環境的變化：管理者應具有開拓創新的精神，不受傳統觀念的束縛，隨時要掌握環境修正目標。

（2）充分運用組織：部隊的組織結構完備，妥善運用可減少幹部疲於奔命，達事半功倍之效。

（3）不斷吸收新知：「知識就是力量」，管理者隨時充實新知，以捕捉資訊，發現問題，判斷形勢。才能信心十足地面對難以預測的工作挑戰。

（二）目標管理（management by objectives；MBO）

傳統目標是由最高管理當局設定，然後分解為組織各層級的次目標。而目標管理，則兼具「由上而下」和「由下而上」的運作與相互銜接。假設主管與部屬共同參與目標設定時，成員會更加努力達成目標；定期評估工作進度，並以此作為獎勵依據的一項管理制度（邱繼智，2004）。前例單位，正是運用此管理概念。動員組織成員，召開「勤務協調檢討會」，建立上下階層相同目標，設置獎勵制度，產生共同努力的工作意識與行動。

（三）建立學習系統與激勵

建立「學習系統」之首，就是管理者的角色轉變成學習的協調者或是顧問（邱繼智，2004）。持續創造組織成員的學習機會，教導成員學習如何學習，鼓勵成員練習系統思考，進而改變其心智。「激勵」乃是為達成組織目標，而更加努力的工作意願；其作用可視為一種滿足個人需求的過程；但需求所引發的內在

驅力，可導引個人採取目標導向的行動。前例
單位幹部，印證善用溝通技術，創造組織成員
學習成長機會，可建立個人自信，同時激勵組
織效能整體提升。

（四）集體決策與溝通

個人和集體決策各有優缺點，並非適用所
有情境，應視需要而定。就精確性而言，集體
決策比個人決策準確。就時效而言，個人決策
則佔優勢。研究顯示，集體決策優於個人（一
般）決策（邱繼智，2004）。而溝通則是組織
上下層之間傳達與收訊的動作，妥善運用其反
饋資訊、情緒控制、口語操作以建立雙向網
絡，可有效提升工作效能。

李麗傳（2000）認爲「分散權威及影響力」
可以增加「效能感」，轉而增加
其對組織的信任。如前例單位，
適度開放部屬參與管理事務，併
用溝通技術與集體決策，增進單
位人員的向心力與認同感。有效
改善單位任務分配不均、組織功

能失效等問題。當然，並非在任何情況部屬皆有參與的權利，必須具備以下幾個先決條件：

1. 有充分的討論時間：參與權開放的目的就是藉著充分的討論，建立團體的共識，使大家願意共同遵守與執行「不滿意但可接受」的約定。如遇緊急事故，則應爭取有效的處理時間，幹部要當機立斷，以免肇生其他問題，所謂「機不可失」的道理在此。

2. 涉及全體福利：現代的時尚流行個人主義，在民主社會的薰陶下，個人權益應受保障。藉公開討論，以及直接參與協調的過程，可以化解不必要的分離意識。同時取得團體任務與個人利益的平衡點。

3. 對事不對人：針對單位內相關業務進行討論，不討論人的問題，尤其不可人身攻擊。人事獎懲務必依法作業，否則賞罰不公的後果不堪設想。

4. 不可逾越權限與法令：參與管理或討論的範圍必須在權責之內，決不違背法令。「侵權」或「越權」對單位沒有幫

助，同時會造成個人與組織的傷害。

（五）創造道德效應

　　道德的協調規範性能幫助軍隊基層管理活動的順利進行。曾廣批（2000）認為道德的協調規範性不全是靠強制力來執行的，而是用輿論的力量、本身的信念、習慣、傳統及教育來維持。它不像法律需要一個懲罰機制，而是人們以自己與群體的善與惡、正義和非正義、公正和偏私、誠實和虛偽等道德觀念來對團體或個人實施規範。

　　軍隊進行計畫、組織、指揮、協調和控制，除依據規章制度，道德也是一種無形的支撐力量。前例單位安排素行不良人員，參加社區服務，重建部屬個人生存價值。利用道德的協調規範，借助輿論的讚許和批評、良心的褒獎和譴責，來激發部屬榮譽感和使命感，以減少違法犯紀的情事發生。足見，用道德教育驅動、建設部隊管理軟體，樹立良善的部隊風氣有相當的功效。

六、結論

「軍紀歌」裡有一句歌詞是：「三信心堅如鐵，上下團結成一體。」「國軍教戰總則」對三信心的解釋是：「信仰長官、信任部屬，並自信其為負責任、守紀律之軍人。」這已經告訴我們「三信心」就是健全戰鬥組織的要素。所以國軍基層幹部的管理思維，首先應該從這裡出發，進而尊重「人」與關懷「人」。身為基層幹部，如何獲得部屬的信賴？如何預防危機發生？絕對不是無為而治、討好部屬；必須是廉潔正直、以身作則、勤於溝通、具備專業知識、作「有效的管理」才能消弭危機，維護部隊的戰力。

其次對部屬要信任，軍隊畢竟是一個「不完全封閉的獨立系統」，在這個概念下，部隊是重視穩定、控制與認同，依賴規則、管制、標準及運作程序，一切唯命是從的情況下，階級之間無形有一段距離。但我們卻發現，近來許多管理者願意花費時間在提升「信任」及強調信任的重要性（張文華，2000）。組織理論

學者Likert與Argyris認為整合組織的力量是相互信任、信賴及互動（姜占魁，1970），它能節省工時、提升組織效能，是最有效的管理工具之一。

最後，士兵都希望他們的領導者具備高尚的品德與指揮現代化部隊的能力，否則沒有追隨的意義。「並自信其為負責任、守紀律之軍人」，是尊重自己的表現，對自己的行為負責，更是遂行工作的必備條件。有自信首先要有能力，建立21世紀領導幹部的能力要從三個方向著手：第一、不斷努力吸收新知，成為一位「知識軍官」；第二、學習專業科技，符合時代的需求；第三、靈活調整自我，不斷創新以適應社會的變革。

在非線性、不均衡、狀況多且界限模糊的管理事務中，不拘泥僵化的思考模式或行為準則，部隊基層幹部可參閱各種文獻開拓視野，援引相關學理充分發揮管理的創意（但不能違法），用心觀察、用心體會、用心經營。解決問題才能減少部隊戰力損耗，把握「解決時機」

才能消弭「危機」。

七、參考文獻

1.Cornelis A.de Kluyver原著，洪瑞璘譯（2001），《企業菁英的策略管理概論（Strategic Thinking An Executive Perspective）》，台北：培生教育出版集團，第10-13頁。

2.王振軒、李炳友（1999），〈軍隊危機管理之研究——從公共事務途徑探討〉，《軍事社會學半年刊》，第4期，第65頁。

3.朱延智（1999），《搶救台灣：小國危機處理》，時報文化，第31頁。

4.吳復新（2003），《人力資源管理：理論分析與實務應用》，華泰文化，第5-7頁。

5.李麗傳（2000），〈管理的心契機：分享自治模式〉，《榮總護理》，第17卷3期，第209頁。

6.蕭湘緒（2000），〈管理者發現問題的研究〉，《重慶建築大學學報》，第22卷2期，第73頁。

7.明居正（1998），〈危機管理實務〉，《人事月刊》，第26卷6期，第13頁。

8.林孟彥（1995），《管理學》，華泰文化，第196-205頁。

9.邱繼智編（2004），《管理學》，華立圖書，第72、91、190、256、302頁。

10.青年日報社編（2001），〈防範違法傷亡鞏固部隊戰力〉，《奮鬥》，第575期，第42頁。

11.姜占魁（1970），《機關組織與管理》，政治大學，第12-19頁。

12.張中勇（1992），〈危機與危機處理之研究——一個研究概念與理論的分析〉，《警學叢刊》，第23卷2期，第138-141頁。

13.張文華（2000），〈組織信任之初探〉，《人力發展》，80期，第15頁。

14.曾廣批（2000），〈人本管理的哲學思考〉，《華中理工大學學報》，第14卷2期，第47頁。

15.蔡萬助（2000），《21世紀軍事管理知識體系之研究》，台北：華泰文化，第174-176頁。

16.Fink, Steven（1986），"Crisis Management: Planning for Inevitable", American Management Association, p.15.

17.Hermann, Charles F.（1969）"Some Consequences of Crisis which Limit the Viability of organizations". Administrative Science Quarterly, vo1.8.1969. pp. 61-64.

第13章

衝突管理／解決問題

新進士官與資深老兵之衝突管理

劉百川*、黃崇豪**、張紹明***

思考指引

　　不論是人與人之間，或是組織與組織之間，都有可能因為認知不同，或者是溝通不良，因而產生衝突。身為軍事領導者或管理者，應該要培養診斷衝突及解決衝突的能力，以維部隊組織的團結、安定與和諧。

學習重點

1.衝突的定義

2.衝突原因之分析

3.診斷衝突時的攸關因素

4.國軍內部管理之相關作法

5.「衝突」與「績效」的關係

6.解決衝突的方法

*陸軍軍官學校　管理科學系教授

**陸軍軍官學校　人事科中校科長

***陸軍軍官學校　實習工廠少校廠長

　　衝突無所不在，不僅發生在個人的人際關係中，也會發生於企業組織、政府單位以及軍校部隊間。好的處理過程，能讓衝突尚未擴大之際，即消滅於無形。倘若處理不好，當事人可能會採取更激烈的自力救濟手段，如訴諸媒體或民意代表等，則可能會發展成為更大的衝突，因此領導者不可不慎。本案例以某單位新進士官到部報到後，因對單位新進人員訓練作法不熟悉，誤認為單位有資深欺侮新進，以及學長學弟制等不合理現象，遂向心理諮商中心求助，因而和新單位的成員，在相處上產生了一些芥蒂為例，作為軍事管理者或領導者對衝突管理應有之認知。

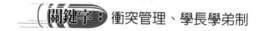

　關鍵字：衝突管理、學長學弟制

一、案例發生經過

　　陳下士和林下士自大學起便是同學，甚至當兵也在一起，畢業後又分發至同一單位服役，這份交情自是好的沒話說。某日，兩人剛受完下士訓，下士的階級剛掛在肩上，還閃閃

發亮，便到新單位報到，開始接受新單位對新
進人員實施的新進人員訓練。單位的參一文書
黃一兵，因為主官不在，且自身公務繁忙，未
能將新進人員訓練的相關作法
向他們多作說明，而只是將單
位為了協助新進人員儘快進入
狀況，了解單位的成員、任務
及上級的政令宣導等相關事宜
而製作的「新進人員須知」，發
予新進成員，要求他們儘快背
誦，同時告知他們要去那兒，
必須向學長報告。

　　林、陳兩人心想：「我是下士，你是一
兵，為什麼你發的資料，我就要背？我去哪，
還得向你報告？有沒有搞錯？」兩人認為新單
位有老兵欺侮新兵及學長學弟制等不合理情
事，更何況他們是下士，不是士兵，豈可受制
於人？於是心生不滿，便想將此事反映給上
級。而單位主官因任務繁重，正帶領其它弟兄
執行上級所交付之任務，無法親自對新進人員
就單位的新進人員訓練作法做說明，兩人心中

的疑惑自是無法獲得立即的解決，因而顯得愁容滿面。

隔天早上，單位主官又帶領其他弟兄，繼續執行上級所交付之任務，而林、陳兩人依然沒有機會，將心中的疑惑一吐而快，而顯得悶悶不樂。就在此時，其他單位的舊識，發現兩人悶悶不樂，遂問起原因，兩人於是不吐不快，一股腦兒全盤托出。其他單位弟兄，認為可以到心理諮商中心，請求心輔官的協助，兩人心想：「既然單位主官這麼忙，這個問題無法適時向主官反映，如能透過心輔官向主官反映，也是好的」，於是便一同前往心理諮商中心，請求心輔官的協助。

到了心理諮商中心，兩人便將事情經過，向心輔官說明。心輔官聽完新進弟兄的陳述之後，認為申訴案件的處理是屬於監察官的權責，於是便將單位所發的「新進人員須知」，當作佐證資料，寄給了監察官。不多久，監察官便到單位，對單位的所屬人員進行約談，還原事情的真相。

等到單位主管執行完上級長官所交付的任務，回過頭來弄清整件事情的來龍去脈時，情勢的演變早已出乎單位主官的預料之外，而顯得複雜異常，也變得更難處理。雖然，一切皆因林、陳兩人對單位新進人員訓練的作法及目的不清楚而產生，而單位未能立即作有效之說明，也是原因之一，然此一舉動確實使得林、陳兩下士與新單位的成員之間，在相處上也產生了一些芥蒂。

二、牽涉單位

由此一案例所衍生出的許多內部管理問題，不但影響單位內部的領導統御，更會危及日後單位的團隊向心力。由於上述事件，並未能在第一時間做有效的處理，致使後續的狀況演變至異常複雜的情勢，遠遠超過單位主官所能想像。除了直接涉入的當事人及單位外，諮商中心的心輔官，因為認為申訴案件的處理是

監察官的權責，故將此案回報至監察官，監察
官本於職責，將事情調查清楚，回報上級亦屬
必然。單位主官在釐清事情的眞相後，隨即寫
了一份檢討報告呈報上級，而上級也打算以不
記名的問卷調查方式，還原事情的眞相，作爲
事件處理的依據。

三、相關單位狀況處理

　　整個事件中，知道事情來龍去脈的，莫過
於單位的主官。單位主官在執行完上級所交付
的任務之後，爲了還原整件事情的經過，隨即
召集當事人參一文書黃一兵及新進人員林、陳
兩下士，釐清整起事件之癥結點，後來證實只
是一場誤會。仔細觀察「新進人員須知」的內
容，包含了單位弟兄的姓名及工作地點、「安
全士官守則」、「衛兵一般守則」及單位的特
別守則、每日行程、各級長官的姓名、連絡方
式及其它注意事項，這些資料的綜整全是爲了
協助新進人員儘快適應單位環境而做，只要說
清楚，講明白，相信新進成員會欣然接受。再
者，所到之處必須向學長報告的用意，在於新

進弟兄初到單位報到，對環境並不熟悉，不論是薪餉的發放、日常用品的購買等，均需要單位的相關弟兄協助其完成，如任由新進人員自行摸索，則易衍生許多問題，故必須向學長報告，由學長協助其完成。而學長的定義並非指單位內部的資深弟兄，而是單位的志願役士官，由此證明整個事件，實是因一場誤會而起。

　　然而，為了避免以後再次發生相同的事件，單位主官也利用此一難得的機會教育，依據國防部頒發之「國軍內部管理實務工作指導手冊」，對新進人員的訓練作重新律定，諸如新進人員的訓練改由單位主官或是由資深士官負責，更改過去由資深弟兄負責新進人員訓練，以消除可能引起的誤會。同時排定新進人員訓練的課程表並按表操課，此外，為避免弟兄間習慣以學長學弟互相稱呼，因而引起學長學弟制之爭議，依照「中華民國軍人禮節」之相關規定，重新律定義務役士官兵之間的相互稱謂，如下級對上級應先呼「報告」，並將其姓氏冠於階級之上，如「報告某下士」。對士

兵之稱謂或士兵彼此間之稱謂，則稱「某戰士」或直呼其姓名。而單位的公差勤務派遣，亦藉此機會重新檢視，以求其合乎公平。最後，則針對申訴制度的內容，以及單位內部的各種溝通管道，向單位所屬成員加強宣導，使弟兄的問題，能夠立即反映並獲得解決，以維單位的團結與和諧。

四、問題癥結分析

綜合來說，上述新進成員和資深弟兄之間的誤會，完全是因為新進成員對新單位的新進人員訓練作法不了解，而單位又未能即時作處

置，才會造成上述難以收拾之局面。然而，身為現代化的軍事管理者或軍事領導者，在不能完全排除「因」的前提下，更必須懂得如何善「果」，也就是必須要具備衝突管理的能力，隨時防範與應對可能產生衝突的任何時機。就本個案而言，其問題癥結，分析如下：

（一）單位的傳統

許多單位都有其傳統，雖不見得訴諸於文字，但確實存在於單位成員之間，而供大家遵循。以個案為例，新進成員報到後，其新進人員訓練的資料發放與說明，以往均由參一文書執行。但是「人上一百，形形色色」，每個人都有其觀念及想法，如果對於新單位的做法，無法利用第一時間說清楚、講明白，自然容易產生誤解。

（二）學長學弟稱謂之爭議

學長學弟的稱謂，不僅存在於志願役，亦存在於義務役。志願役以其年班期別來區分，義務役則以其新訓時之梯次來區分。一般來說，義務役之間是不能有學長學弟的稱謂，然此一次級文化的存在，乃為不爭的事實，也難以根絕。畢竟要讓一位新進弟兄，直呼資深弟兄的名字，對新進弟兄而言，頗不自然，還是叫學長比較自然，然而許多爭議和誤解也就由此產生。

（三）單位內部的溝通管道

一般來說，軍中的申訴管道是相當暢通的。不論官士兵，只要自身或家屬應得的權益遭受不當損害，都可以經由申訴管道，向上反映。除此之外，各單位內部也有自己的溝通管道，如每日的互助組回報、心得寫作簿以及榮譽團結會等，這些措施的建立，均可作為各單位上下級之間，意見交換的地方。為維護官兵的合法權益，單位宜利用各種集會及時機，向所屬官、士、兵多加宣導申訴制度，使單位成員的問題，能夠立即獲得解決。

五、管理決策修改與調整

本段針對衝突的定義、衝突發生的原因、軍隊領導者在診斷衝突發生的原因時，所需要檢視的因素，以及就此個案中，相關單位在管理決策上，所需進行的修改與調整，做一論述。

（一）衝突的定義（林建煌，2001）

　　衝突（conflict）泛指各式各類的爭議。一
般所說的爭議，指的是：對抗、不搭調、不協
調，甚至抗爭，這是形式上的意義；但在實質
面，衝突是指在既得利益或潛在利益方面擺不
平。什麼是既得利益呢？就是指目前所掌控的
各種方便、好處、自由；而潛在利益則是指未
來可以爭取到的方便、好處及自由。

　　想了解衝突是怎樣發生的，要先了解幾個
和衝突有關的觀念。合作，指的是朝共同目標
努力的過程。競爭，指的是目標不相容，但某
一造對目標之追求，不足以影響另一造目標之
達成。像跑百米，只要遵守遊戲規則，誰能以
最短的時間，到達目的地，誰就爭得冠軍。所
以選手之間是處於競爭狀態。

　　衝突和競爭相同的地方，在
於目標不相容，但衝突指的是某
一造對目標的追求，不但足以影
響另一造目標之達成，而且正在
發揮該影響力之中。以跑百米做
例子，如果大家都非常守規則，

則參賽者之間就是處於一種競爭狀態；但是如果我推你一把，你踹我一腳，則參賽者之間就是處於衝突狀態。其實，一種事件究竟是衝突還是競爭，要看規則怎麼設計，以及規則是否被遵守。

嚴格來講，在社會、政治、經濟、企業經營的領域內，很多大家原來以為是競爭的局面，其實都是衝突。衝突是一種生活方式，無從迴避，也不一定不好。只是衝突過度，會消耗太多能源，使得人們對所處的環境，無法做出貢獻。

（二）衝突發生的原因（梁明煌等，2003）

從衝突螺旋的理論（參見表1）來看，衝突的發生，開始階段往往是因為雙方的認知不同，而產生問題。通常問題一開始，如果未被恰當的處理，而任其發展下去，有時候結果是非常可怕的。在問題發生的開始階段，由於雙方並不了解衝突的嚴重性，因而在開始的階段，並未採取相對的行動，但是隨著弱勢的一

表1　未妥善處理問題之衝突螺旋過程

涉入紛爭各方的心理影響
- 動機是為了復仇
- 個人已經無法控制衝突的力量
- 衝突過成為為挫折的根源
- 產生非解決不可的急迫感
- 兇衆敵對態度
- 對中性的話已無法感受
- 鑽詞場激
- 把對方上標籤
- 謠言、誇大的話
- 立場僵化出現
- 強化團體情感
- 陳述感受
- 焦慮增加

問題的演進
- 交易便成課題
- 不再有新的方案
- 不切實際的目標被堅持
- 受威脅成了課題
- 單一問題便成多議題，個別議題便成廣泛議題
- 問題被極端化
- 問題反立場都被尖銳化
- 依其立場而分邊而對立
- 群衆認知問題產生

衝突螺旋（強度）
- 危機意識出現
- 感受互相扭曲
- 衝突出了社區
- 投入資源
- 溝通停止
- 立場堅硬
- 分邊
- 問題出現

政府或企業的活動
- 執法機制
- 訴訟
- 重新分配資源以阻隔反對勢力
- 願支付更高成本
- 訴諸官員及民意代表
- 硬派人物出現
- 由危急進領袖接手
- 高層決策人員切入
- 在政府結構中建立支持
- 多媒體運作
- 回覆澄清函
- 無回應

民間團體行動
- 立法
- 訴訟
- 非暴力直接行動
- 願支付更高成本
- 訴諸官員及民意代表
- 組成研究小組
- 炒熱新聞媒體
- 領導人物出現
- 課題出現在其他會議之議程
- 非正式民衆聚會
- 寫信
- 電話

資料來源：轉引自梁明煌（2003），〈衝突診斷與夥伴關係建立研究：以花蓮縣秀林鄉內赤科山與六十石山為例〉，第13頁。

方逐漸意識到危機，進而可能採取衝突危害較低的行動。如果利害關係人和有關單位之間的溝通管道不暢通，溝通結果不良，令利害關係人有投訴無門之感，就有可能採取「自力救濟」的方式（吳定，2003），進而升高衝突的層次。

由於雙方得不到共識，進而可能形成逐漸對立的兩邊。分邊對立後，隨著衝突問題被尖銳化，雙方各持己見，立場的堅硬僵化，雙方的衝突會再度升高。由於衝突愈來愈嚴重，自然會吸引相關單位的注意，不過此時衝突雙方仍各自表述，不諒解對方，各種情緒性的、標籤化的，甚至傷害彼此對方的言論，都有可能會出現，往往到了此時，有關單位才會進一步體會到問題的嚴重性。

衝突如果發展至此，可以說是已經到了極端的「拉鋸戰」，假若仍無法解決，最後就只能交由上級做裁決。由此觀

之，衝突的問題，如果未經過妥善的處理，除了衝突逐漸擴大加劇，衝突的雙方在心理上，都將經歷嚴重的心理壓力與挫折感。因此，為了避免衝突的解決朝向「勝者全拿」或是「兩敗俱傷」的結局收場，領導者或管理者必須要能夠防範衝突於未然。

（三）衝突診斷時要檢視的因素

衝突診斷時必須檢視以下幾個因素：（梁明煌等，2003）

1.歷史淵源

也就是引起爭議的歷史背景。許多單位均有其存在已久的次級文化，如學長學弟的稱呼、資深教導新進等，而這也是最容易引起爭議的部分。因此在進行衝突診斷時，必須對單位的歷史傳統（次級文化）有充足的了解。

2.利害關係人

利害關係人包括誰是有決策權的利害關係人，以及衝突的雙方等。就個案而言，單位主官是具有決策權的利害關係人，而參一文書

（包括原單位成員）和新進成員則是衝突的雙方。

3.利害關係人的威勢（Power）及本位主義（Stake）

每一個利害關係團體，都相信他們所擁有的威勢及控制能力將會影響到他們在爭議中可能達到的目標。就威勢的基礎而言，單位主官的威勢在於行政權，資深弟兄的威勢在於經驗，而新進弟兄的威勢則在於其階級。就本位主義而言，資深弟兄認爲其經驗較新進弟兄更爲豐富，足以教導新進弟兄；而新進弟兄認爲以其較高的階級，實不應聽命於資深弟兄。

4.表明的立場、隱藏的興趣及替代的解決方案

已表明的立場是每一個利害關係人對外已經公開的談判姿態，也通常代表最能符合該利害關係人興趣的一項解決方案。就單位主官而言，其立場相當明確，就是一切依照內部管理的相關規定來規範單位的所有成員。而新進成員的立場則是認爲，以其下士的階級，是不應

該稱資深弟兄為學長的。而原單位的弟兄則認為，這些新進人員剛到單位報到，對單位的性質還不了解，就貿然採取申訴的行動，此舉無異於對單位傳統的挑戰，是他們所不能接受的。

　　各涉入利害關係人所表明的立場，有時看起來是不相容的，而替代方案常常就可以較次等的滿足某些利害關係人的需求。每一個利害關係人都有隱藏的興趣。這些都是該利害關係人堅持的最重要原則或價值，從此也可以推衍出該利害關係人的重要條件。假如公開表明的立場，就是該利害關係人稱他們所要的；他們的隱藏興趣，就是他們覺得應該要保護的。考量以上因素時，要注意下列項目：（1）每一個利害關係人公開表明的立場；（2）所有利害關係人立場間，基本的相似之處及不相容之處；（3）任何利害關係人降低他們原先很極端的立場，至較退而求其次立場的意願程度；（4）所有利害關係人提供的替代方案之間的差異程度；（5）利害關係人倡議相似性替代解決方案的程度，以及（6）利害關係人隱藏的

興趣間的相容程度。

就個案而言，相關利害關係人的立場已經很清楚的表明，而且也明顯的不相容。身為單位的主官，同時握有決策權，既要符合上級的規範，又要能夠兼顧新進成員和原單位弟兄，不使雙方權益受損。因此，必須從各方面尋求解決之道，諸如差勤派遣、衛哨輪值及休假規定等，都必須重新檢討，是否有不合規定之處，並且加以改進，務必使得新進弟兄不會產生不公平的感覺，而原來的單位弟兄的權益，也不會因為新進弟兄的到來，而有所改變，如此雙方才能心悅誠服。

5.技術資訊、數據及分析

評定衝擊所仰賴的資訊，會對最後的決定影響很大。麻煩的是，會有兩個以上的利害關係人，會各自依賴其資訊來強化他們的立場。因為資訊間的差異，會快速引發對替代政策及解決方案的爭議。因此，決定資訊的差異程度，亦即是解決爭端的基礎，當然是非常重要的。衝突診斷時應該考量：（1）各利害關係

人對用來估算衝擊或支持其立場的數據及技術
資訊之關懷程度的差異性；（2）每一個利害
關係人所關心的資訊，應該盡力使其取得，以
利於解決問題；（3）針對資訊引發的爭端，
是否需要利用一些方法來分別澄清。

　　就個案而言，新進弟兄對新單位的資訊是
來自於參一文書，並非來自於單位主官。因
此，難免會藉由對參一文書說話態度的反感或
誤解其談話內容，來合理化其申訴的行為。因
此，只要針對容易造成誤解的資訊說清楚、講
明白，問題自可迎刃而解。

　　6.感受、行為與溝通
　　每一個利害關係人，對自己立場與別人立
場不同的差異感受，會大大的影響到他的行
為。團體間在何時，以何種方式互動及溝通都
會影響到他們送出去的訊息，然後接著修正或
更強化他們後續的感受及行為。衝突診斷應注
意到下列因素：（1）感受：對利害關係人立
場的知覺程度、利害關係人知覺其他人對自己
的感受程度；（2）行為：各利害關係人已經

採取的行動、衝突的演進方向，是擴大還是減輕中、不同利害關係人對可能結局、多種解決方案或更慘結局的預期反應；（3）溝通：每一個利害關係人正在傳遞何種訊息給對方、每一個利害關係人覺得他們正從其他利害關係人收到何種訊息、利害關係人間相互接觸的頻度、團體間互動的場合為何？

就個案而言，新進成員所接受到的訊息，並非來自於單位主官，而是來自於參一文書，也因此造成對單位的誤解，才會採取申訴的手段。由於剛到新單位報到，即採取申訴的手段，使得原單位弟兄認為新進成員在挑戰原單位行之有年的傳統。而新進成員在採取申訴手段之後，也能感受到與原單位弟兄之間，在相處上已經產生了問題。如果單位主官不採取任何因應措施，雙方的衝突有可能愈演愈烈。雖然雙方工作、生活都在一起，但是芥蒂已經產生，一時之間也難以消除。

7.機構及決策過程

在某些個案機構及其決策程序，經常會因

為製造不必要的對手、輸贏情境，或不讓利害
關係人實質參與而引發衝突。因此相關單位的
決策程序及方法應該列入評估。一個更負責
任、彈性、或透明的決策程序，經常可以避開
衝突，或者達成一個更有效的、更公平原則
的、及可令人接受的結論。因此單位的架構，
及決策程序應該加以檢視，以便了解以下因
素：（1）利害關係人對負責決策單位公信力
的感受；（2）決策過程中哪一個階段（規
劃、決定、評量等）會允許利害關係人參與；
（3）利害關係人是以何種方式參與決策過程？
（4）決策程序是會加速解決問題，促進互信的
談判，還是反而偏頗於單一利害關係人的需求
及不合作的行為；（5）為了創造能夠促進解
決問題及尋找雙方都可以接受方案的環境，常
常需要改變決策的程序，而改變程序的彈性有
多大；（6）決策者對於改變原有的程序，以
建立一個更開放及參與式的程序的意願。

　　具有決策權的利害關係人，也就是單位主
官，為了解決上述問題，使單位成員之間能夠
愉快相處，特別針對單位內部現行的運作方

式，如公差勤務的派遣、衛哨勤務的輪值、弟兄之間的稱呼，以及休假的規定等，重新檢討及律定，並不斷利用各種集會對所屬成員廣為宣導，使雙方都能夠接受。

8.解決爭議的潛力

衝突診斷的結果，應該要對解決爭議的程序提出建議。這個程序應該強調是利害關係者為了解決爭議，自己可以採行的步驟。但是，不應該建議利害關係者改變他們的立場或實質的行為。

就個案而言，單位主官並未要求發生衝突的任何一方改變其立場，以迎合另一方，避免衝突的解決導向「贏者全拿」的局面，而是在維護單位傳統與兼顧新進人員權益之間，尋求一個平衡點，而雙方也都能接受。

（四）調整單位新進人員訓練的相關做法

為了避免以後再次發生相同的事件，單位宜利用此一難得的機會教育，對新進人員訓練的作法重新律定，諸如新進人員的訓練改由單

位主官或資深士官負責，一改過去由資深弟兄
負責可能引起的誤會。同時亦將新進人員訓練
作法排定課程表並按表操課，此外，單位主官
應加強宣教，並依照「中華民國軍人禮節」之
相關規定，下級對上級之稱呼，冠其姓氏於階
級之上即可，如「某下士」，如為直屬關係則
加「報告」兩字；至於弟兄間之稱呼，則以
「某戰士」或直呼姓名即可，以避免不必要的
誤會。

（五）檢討單位現行的運作方式，重新加以律定

爲了能夠精進單位的內部管理，朝
向一個更公平的境界，單位主官特別針
對公差勤務的派遣、衛哨勤務的輪值以
及休假的規定，重新檢視其不合理之
處，並加以律定，如公差勤務的派遣，
須要以建制爲單位，而非採用自願的方
式；衛哨勤務的輪值，一律採輪流方
式；以及假日留值名單，一律抽籤決
定，並且立刻實施補假等措施，如此已
經使得單位的內部管理愈來愈正常。

（六）心理輔導、申訴及溝通管道的宣導

單位主官應了解新進官兵現況，提供適當協助，對於明顯適應不良，輔導無效之個案，則依「國軍心理衛生輔導工作三級防處相關作法」；此外對於「申訴範圍」、「申訴處理權責」、「申訴人權利與義務」等內容，單位應廣爲宣教，使單位成員有明確的了解，同時對於單位內部的溝通管道，也應加強宣導，以維護官士兵的個人權益。

（七）回復公信力，重建單位成員信心

衝突一旦發生，如果處理不當，則可能動搖單位成員對單位的信心。同樣地，單位政策如果得不到成員的配合與支持，連帶其他政策亦會受到影響。因此，如何重建公信力，乃是處理的重點。曾經親身參與美國911事件危機分析處理，以及美軍「沙漠風暴」危機預防的危機處理專家邱強，針對「重建公信力」提出了一個 "PSSA" 模式（朱鎮明，2003）：

1.優先（Priority）：宣示絕對會「優先」將問題處理好。

2.同情（Sympathy）：對當事人表示「同情」與關切，同時負起責任，協助當事人。

3.安全（Safety）：對當事人保證「安全」，馬上採取對策，不讓類似問題再度發生。

4.措施（Action）：讓單位成員知道單位將採取的措施，同時指引單位成員相關應變的措施。

（八）化衝突為績效

衝突的存在不是沒有好處的。它的潛在好處包括：（鄧東濱，2005）

1.減少工作的枯燥感。

2.增進自我了解。

3.為了迴避衝突，可激發個人做妥工作。

4.衝突之化解可增進個人聲望與地位。

5.突顯問題所在。

6.促使決策者對問題做深入的思考。

7.可導致創新或變革。

衝突管理的重點，就是在於建立既得利益

或潛在利益上之共識。什麼叫做建立共識？讓你的看法、做法與我的看法、做法產生交集，這樣的努力過程就叫做建立共識，亦即同意彼此所同意的事物（agree to agree）。但是如果你的看法和我的看法不能產生交集，而我們都如此認定，這也是建立共識：亦即同意所不同意的事物（agree to disagree）。例如本案例，管理者經過溝通協調，決定調整單位內的相關作法，讓資深弟兄與新進士官都能接受，這是建立共識；如果經過溝通協調，覺得還是原本的作法比較好，這也是建立共識。

當組織中沒有衝突或衝突很少時，組織成員會習於安樂、自滿與冷漠，組織會缺乏活力與創新；而衝突過多的缺點在前文也已敘述。因此，一位好的管理者應該促進與掌控組織的良性衝突，化解組織中的惡性衝突為良性衝突。管理者如何判定衝突是良性或是惡性，端看衝突與績效之間的關係，如圖1所示：

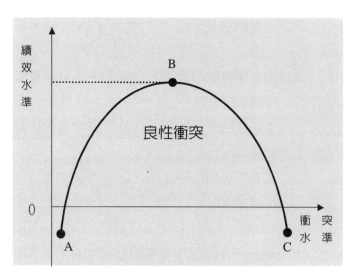

圖1　衝突水準與績效水準的關係

資料來源：鄧東濱（2005），EMBA世界經理文摘。

　　圖1中A點惟衝突水準過低，以致績效水準
成為負數，顯示完全或良性衝突過低的組織，
會造成組織績效低落甚至下降；而C點則為衝
突水準過高，甚至演變成惡性衝突，同樣會造
成組織績效低落甚至下降。因此當前所需具備
的衝突觀應為：

1. 在任何組織形態下，衝突是無法避免
　的。

2. 儘管管理者之無能，顯然不利於衝突之

預防或化解，但它並非衝突之基本原
因。

3.衝突可能導致績效之降低，亦可能導致
績效之提升。

4.最佳績效之獲致，有賴於適度衝突之存
在。

5.管理者的任務之一，即是將衝突維持在
適當水準。

最後，本文說明美國西點軍校的「軍事領
導藝術」將領導者面對衝突時，可以採取的策
略，概括歸納為五種：迴避、建立聯絡小組、
樹立超級目標、採取強制辦法、解決問題。
（中國人力資源網，2005）

1.迴避：在衝突發生後，領導者可能選擇
一種消極的處理辦法，如無視衝突的存
在，希望雙方自己透過減少群體間的相
互接觸次數，來消除分歧。以迴避作為
處理衝突的常見對策，其前提是，只要
這種衝突沒有嚴重到損害組織的效能
（甚至如良性衝突，可以增進績效），領
導者是可以採取這一辦法的。領導者透

過迴避對策，或讓衝突雙方有和平共處的機會。雖然對於群體間某些不太嚴重的衝突，迴避方法是合適的，領導者在處理群體間的衝突時，往往還得採取較主動的態度，並且掌控它的發展。

2. 建立聯絡小組：當組織內的群體交往比例不很頻繁，而組織目標又要求他們協同解決問題時，群體間就可能產生衝突。因此，在這種情況下，相互交往對組織而言，是非常重要的。這時採取建立聯絡小組的方法，來處理群體之間的相互關係，此乃因為聯絡小組可以促進兩個群體之間的交往。領導者所面臨的挑戰，是物色能勝任這種邊界擴展工作和充當群體代表的人選。

3. 樹立超級目標：對群體之間存在著相互依賴關係的情況下，這種策略有助於領導者處理組織衝突和提高組織效率。超級目標的作用，在於使雙方衝突的成員感到有緊迫感和吸引力，然而任何一方單獨憑藉自己的資源和精力，又無法達到目標，並且超級目標只有在相互競爭

的群體通力協作下，才能達到。在這種
情況下，衝突雙方可以相互謙讓和作出
犧牲，共同為這個超級目標作出貢獻，
從而使原有的衝突，可以與超級目標統
一起來。因此，有助於確保組織自覺地
為這個目標努力。一旦將這一更高目標
向處於衝突中的群體說明和溝通之後，
便可成為組織的領導者處理群體間衝突
的有效辦法。

4.採取強制辦法：領導者利用組織賦予的
權力，有效地處理，並且最終從根本
上，強行解決群體間的衝突。從處於衝
突中的群體的角度來看，有兩種辦法可
以來促進強制程序：第一，兩個群體之
一，直接到領導者那裡，尋求對他立場
的支持，由此強行採取單方面解決問題
的辦法；第二，其中的一個群體，可以
設法集合組織的力量，辦法是與組織裡
的其他群體組成「聯合陣線」，這種來自
於「聯合陣線」的「強大陣容」，常常能
迫使組織裡的另一些群體接受某個立
場。這種處理衝突的策略，其實是借助

或利用組織的力量，或是利用領導地位
的權力形式，或是利用來自「聯合陣線」
的力量。

5.解決問題：由於組織內的群體、個體往
往可能不常進行相互間的溝通，在這種
情況下，採取解決問題的辦法，來處理
組織衝突或許最合適。它可能是比較永
久性的固定形式，它可以用來就事論事
地處理某些具體問題。這種辦法是將衝
突雙方或代表召集起來，讓他們把他們
的分歧講出來，辨明是非，找出分歧的
原因，提出辦法，以及最終選擇一個雙
方都滿意的解決方案。這種面對面的溝
通形式如果利用得好，可以促進相互理
解。

六、結論

　　總的來說，軍中就是一個小型的社會，各
式各樣的人都有，而單位成員之間的相處模式
也不大相同，身為軍隊管理者或領導者，必須
具備一定的管理能力，特別是衝突管理能力，

使衝突不論是發生於單位成員間，或是發生於和其它單位間，都能立即診斷出衝突發生的原因，而在衝突尙未擴大之際，即採取相關措施，使惡性衝突消滅於無形，甚至轉化爲良性衝突，必可維護部隊戰力及個人權益，並促進組織的績效。

除了上述發生在部隊的案例之外，軍中或企業界也有可能發生類似案例。舉例來說，有些畢業的專科學生在服役一段期間之後，會想要繼續深造而重新回到學校當學官，爲了補足畢業所需修習的學分數，往往得從二年級開始，因此和三、四年級的「學弟」在相處上便有可能產生問題。此外企業界也有許多具有師徒制或儲備幹部的制度，這些新進人員雖然得從基層歷練起，卻是企業的儲備幹部，在基層歷練的過程中，能否和其它員工和睦相處也是一大問題。這些都是軍中或企業界容易發生新進人員和資深員工之間的衝突的地方，身爲領導者或是管理者不可不愼。

七、參考文獻

1. 朱鎮明（2003），《政治管理》，台北：聯經，第184-185頁。

2. 吳定（2003），《政策管理》，台北：聯經，第275頁。

3. 林建煌（2001），《管理學》，智勝文化，第419-421頁。

4. 國防部（1999），《中華民國軍人禮節》，第17頁。

5. 國防部（1999），《國軍內部管理實務工作指導手冊》，第8-1-8-3、8-5頁。

6. 梁明煌、顏士雄、廖國淵、孫繼智、李孟鎔、張紹明、秦幼暉、蔡沛俊（2003），〈衝突診斷與夥伴關係建立研究：以花蓮林管處轄內赤科山與六十石山為例〉，行政院農業委員會林務局委託研究計劃，第12-14、15-18頁。

7. 中國人力資源網，http://www.hr.com.cn/articles/new_eyes/new_detail.php?id=13123（2005/01/21）

8. 鄧東濱，EMBA世界經理文摘，http://www.emba.com.tw/emba/speech/121-3.asp（2005/01/21）

第14章

後勤管理之彈藥安全作業

陳孝澤*、林鄉鎮**、李繼林***

思考指引

　　國軍部隊對於後勤管理方面，已建構一套完善的實施程序。無論是軍校學生與國軍幹部，都應遵奉「各就其位、各司其職、各盡其責」之規定，從點、線、面三方面做好層層管制，有效發揮機制之功能，以利任務遂行。

　　然而，在後勤管理中尤以「彈藥安全」為最重要一環，軍校學生在校學習各項軍事管理素養與技能時，應將「如何做好後勤管理」作為主要話題。除此之外，身為國軍幹部在面對部隊任務繁雜之下，仍要遵守「程序、步驟、要領」執行任務，方能在安全無虞的狀況下，以維護部隊官、士、兵之安全。

學習重點

1.控制的意義。

2.控制所區分五個步驟的功能。

3.如何建構縝密的後勤作業紀律。

4.落實安全作業，適時導正偏差行為。

*陸軍軍官學校　後勤科中校科長

**陸軍軍官學校　管理科學系副教授

***陸軍軍官學校　管理科學系講師

　　彈藥為維持戰鬥力的主要項目之一，舉凡「彈盡援絕」時，總是會直接關係到戰爭之成敗，是故彈藥之儲存管理，以及作業之安全皆至為重要。由於彈藥具有高爆之危險性，故在管理上必須兼顧需求、獲得、分配、撥發、接收、庫儲、檢查、保養、整修及銷毀等作業，每一階段皆環環相扣，不可稍有疏忽與鬆懈。

　　鑑於彈藥管理是一項危險性極高的作業，本個案旨在探討彈藥作業安全管理，並且引用管理四大功能之「控制」概念，以控制流程與區分步驟之具體作為，律定明確的械彈管理標準，隨時監控與實施記錄，分析工作執行之成效，並在必要時採取校正措施，俾利提高彈藥作業管理之效率。

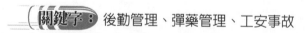

關鍵字：後勤管理、彈藥管理、工安事故

一、案例發生經過

　　民國72年X月，某單位鄭姓彈藥士，帶領兩員士兵至彈藥庫房，實施例行性的彈藥庫翻

堆作業，在操作過程中，由於搬運彈藥箱不夠
謹慎，以致箱子墜落地面後，導致雷管發生爆
炸，造成彈藥士及兩名作業士兵
當場殉職身亡，整個彈藥庫亦均
被炸燬。

　　民國84年X月，某師砲指部
防砲連於實施彈藥清點，當日下
午13時55分時，庫房內的四○砲
彈彈藥全數搬出庫房外面，隨即開彈藥桶實施
數量清點。在清點過程中，吳姓上兵發現清點
之桶內之部份彈藥，未完全固定於彈匣上（每
桶四個彈匣、每一彈匣四顆），即將該桶內所
有砲彈（16顆）均一一取出來重新固定於四個
彈匣上，未料竟於14時35分時，當砲彈重新裝
回桶內時，因作業不慎發生爆炸，造成吳員重
傷之情事，其餘作業人員則幸無任何損傷。

　　民國85年X月，某分庫王姓值星官，指示
下士李姓班長帶領十員公差，乘坐兩噸半載重
車乙輛，預備至彈藥庫屯放區整理當日作業之
空木箱，未料車輛行駛十分鐘後即發生大火，

造成四員死亡，八員輕重傷。

二、牽涉單位

以上三件彈藥爆炸意外事件，均與彈藥搬運作業有關，且在事件爆發之後，分別造成不同程度之人員傷亡，堪稱極為重大的危安事件。其所牽涉之單位，絕非僅止於單位主官（管），也不只影響到上、下級的長官與部屬，除必須循指揮與戰情系統迅速回報之外，亦須儘速啟動單位的緊急應變小組（災變損害管制小組），讓傷害波及的範圍減至最小。

除了建制內之上下單位外，由於械彈爆材具有高度危險性，在災害防範與處理方面具有專業性與特殊性，是故必須委由專業單位，諸如地區的防爆小組，以及聯勤彈藥處所統轄之專業單位，前來協助處理相關善後事宜。

最後值得一提的是，類似上述第三個案例的發生地點，由於發生的地點不在營區，故須同時兼顧一般民眾生命財產的安全。在處理此

類事件可協同憲兵與地區警力組成專案小組，
俾利人員與交通之管制。除此之外，由於當今
高度發展的媒體文化，諸如此類的軍中重大意
外事件，必然會引來大批的新聞媒體前來探
訪，在新聞管制與媒體應對方面，最好能委由
專業人員來統一處理，詳情可參閱本書之專章
「網路犯罪與新聞管制」，對於媒體互動關係將
會有進一步的論述。

三、相關單位狀況處理

　　爆炸意外事件發生後，單位將受傷害人員
迅速送往附近醫院給予治療，列爲最重要之工
作。其次是案發單位在第一時間，立即循五大
回報系統（戰情對戰情、主官對主官、主管對
主管、監察對監察、保防對保防）戰情系統向
上回報外，並且秉持機警處置之態度，通告地
區防爆小組前來協助處理，防止意外事件蔓延
或擴大。除此之外，對於事發現場則盡可能維
持原狀，並實施各種角度的照相存證，作爲事
後堪察之重要參考資料。

因此，整個案發現場一直等到相關技術人員所組成專案小組，前來實際調查研究後才實施現地清理作業。其中對於殘餘之破片、引信、火藥等項目，為維護清理人員之絕對安全，特別安排在專案小組實施監督的狀況下，始逐行相關清理作業。

由於專業人員勘察案例三的肇事現場後發現，肇事車輛自起火處燃燒後約行駛一百公尺，研判其原因應為車載空箱有散落發射藥，因煙蒂導致起火，駕駛於瞬間燃燒時，一併灼傷而致車輛失控。為有效防止類似不幸事件再度發生，聯勤彈藥處立即宣告該批彈藥立即停止使用，直到彈藥檢查安全無虞後始解除禁用之命令。

四、問題癥結與分析

翻堆目的主在防止彈藥堆底、堆內及其包裝部分受潮、失效、生鏽、霉爛等狀況發生。

藉由定期與專業之定期翻堆作業，始能保持彈藥之上下、堆內外圍之彈藥性能均一，避免因火藥性質相差太大而影響射擊精度。本個案中的三個危安事件，之所以會發生的問題癥結可歸納為以下幾點：

（一）下達任務時未做安全提示

　　下達任務時，必須同時下達安全規定，此為國軍行之已久的作業紀律，故各級主官（管）在作業前，必須適時實施勤前教育，提示各項安全規定，尤其是對於極為重要的械彈作業管理，更須有效落實此一安全管理理念，俾利以保障作業人員與裝備之安全無虞。除此之外，各列管彈藥的單位亦可透過製作「彈藥安全規定卡片」，供單位官士兵平時參考複習，以利其在實際運用時能自然產生遵行的效果。

（二）事前未採取適當之預防措施

　　單位幹部平日對彈藥處理作業安全疏於宣教，及要求彈藥搬運之事前安全預防措施，包括作業現場的事前堪察，參與作業人員安全查核及實際訪查，於彈藥運輸前完成任務編組，

集合參與作業人員實施任務提示，重申運輸安全規定等均包括在內，其中尤應注意作業人員精神及體力狀態。除此之外，單位在實施彈藥翻堆時，依規定必需有幹部帶班，並且在現場指揮督導，並備妥各項安全及消防設備。

（三）未恪遵械彈作業紀律

彈藥作業時必須恪遵「陸軍補給手冊」彈藥之部第二篇第三章第五款有關規定：「實施彈藥翻堆作業，除要求彈藥處理作業時應由軍官全程督導之外，並要求須嚴守械彈作業紀律，以杜絕意外事件之發生。」

由案例之一發現，意外事件的發生乃係搬運作業不慎，致使彈藥箱墜落地面而發生令人遺憾的爆炸事件。案例之二大體上亦肇因於清點作業人員的疏忽，作業過程中未貫徹作業紀  律，在實施彈藥搬運時未嚴守小心謹慎，輕取輕放，絕對禁止滑滾、拖拉、拋擲、擠壓以策安全。在將

彈藥放入儲存桶內時，因彈尖受到碰觸而引起爆炸，最終導致不幸事件發生。

　　由案例之三的現場來看，經專案小組檢視後發現，毀損車輛的油箱狀況完好，研判其發生爆炸的原因並非由車輛所引發，再依據軍車車身之毀損情形研判，起火點應為車上靠駕駛座後方之寶墊（指裝載人員、物品之空間）左內側，另於車上發現香菸及煙蒂（依規定人與彈應分離），研判肇事原因係為彈藥車違規搭載人員在先，又於車上抽煙，導致發射藥片燃燒，進而引發致命性的大火。

五、管理決策修改與調整

　　關於本個案的彈藥作業安全管理，我們可以引用管理學中所謂「控制」的概念，控制（control）一詞，具有以下幾個不同的意義（林豐隆，1997）：

　　（一）　表示「限制」或「約束」的意義，

以免某項事物、個人或機械成為脫韁之馬，無法「控制」。

（二）表示「命令」或「指揮」，譬如某項力量、人、馬或機械交由某人「控制」。

（三）表示「檢討」或「核對」之意，此即注意事物的實際發展，是否符合預期狀況，故依據原計劃進行「控制」。

總之，控制的目的在於確保有效性，控制過程堪稱是管理體系核心，因為它所提供的反饋可以讓管理者與工作者，以確保目標計劃之達成，故在功能方面包括衡量與計畫目的與標準之間的關係，除此之外，還可以及時調整過程中可能產生的偏離行為。

一般而言，控制可以進一步區分為以下五個步驟（Nickels, 2004）：（一）訂定明確的標準；（二）監控和記錄實際結果；（三）比較規劃和標準之下的結果；（四）將結果和偏差告知參與的人員；（五）對做好的工作提供正面回饋，並在必要時採取校正措施，請參閱圖1。

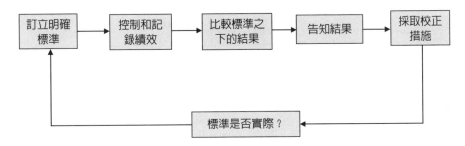

圖1 控制過程流程圖

資料來源：改編自Nickels, William G., James M. McHugh and Susan M. McHuhg
（2004），《企業管理概論》，第6-20頁。

（一）訂定明確的標準

有效的標準，是控制的基礎。如果目標訂
得太高，將會不切實際，若目標含混不清，則
在任務執行過程中可能會失去方向而無所依
據。事實上國軍對於械彈的清點與管理，均制
定明確的標準，依據「彈藥勤務教範」第三篇
302009 庫儲作業規定，其中有所謂的「彈藥作
業安全守則」。

1.任何人不得攜帶火種或點火具進入庫
　區。
2.彈藥作業應使用不產生火花及不產生靜
　電之安全工具材料製成。

3.彈藥與箱裝火藥，應小心搬運，不得拋擲、翻滾或摔跌。

4.拆除彈藥時應有擋牆，以保護工作人員，只有核可之工具與設備方可使用。

除此之外，依據「聯勤兵工彈藥安全手冊」第十二章之消防專篇中，對於彈藥庫之管理，則清楚律定彈藥火警標誌識別如下：

圖2-1集體性爆炸
（600公尺撤退距離）

圖2-2非集體性爆炸
（600公尺撤退距離）

圖2-3集體性燃燒
（200公尺撤退距離）

圖2-4非集體性燃燒
（100公尺撤退距離）

圖2　彈藥火警標誌識別圖

（二）監控和記錄實際結果

　　彈藥管理除特別別重視前述的明確標準律定之外，亦非常著重溫溼度檢查與記錄。依據「彈藥勤務教範」第三篇的規定，彈藥庫管理人必須每日定時（十一時、十五時、十八時）檢查並紀錄庫房之溫溼度，以便決定開或關門窗，以調節庫房內溫濕度。並且詳細規定彈庫內相對溼度，不可超過80%，而庫外相對溼度小，應開啓門窗通風，使庫內溼度減低。爲能有效落實監控與記錄實際結果，擁有彈藥的單位必須定期填寫「彈藥庫儲管理作業自動檢查評鑑表」。請參閱表1：

表1：彈藥庫儲管理作業自我檢查評鑑表

項次	評鑑要項	評鑑結果		缺失之庫房及所見事實
	彈庫「彈藥庫儲管理作業自我檢查」評鑑表	是	否	
1	進入庫區、庫房是否按規定收繳火種及無線電器材？			
2	庫房左右或前後大門鎖頭、絞鏈等是否良好無損？			
3	庫房上下氣窗、前後通風孔是否良好完整？			
4	滅火機是否每週實施保養？			

（續）表1：彈藥庫儲管理作業自我檢查評鑑表

項次	評鑑要項	評鑑結果 是	評鑑結果 否	缺失之庫房及所見事實
	彈庫「彈藥庫儲管理作業自我檢查」評鑑表			
5	乾粉滅火機內裝藥劑是否過期失效？			
6	乾粉或二氧化碳滅火機氣壓是否符合安全標準？			
7	消防砂、水是否足夠良好？			
8	庫房周邊十五公尺內雜草是否按規定清除？			
9	避雷針外觀檢查及甌姆值測試是否按規定執行？			
10	警示、監視系統作用是否正常良好？			
11	每日十一、十五及十八時是否按規定進入庫房記錄溫、濕度？			
12	庫房內、外是否屯置油漆等易燃雜物？			
13	彈藥碼堆是否穩固？枕木運用適當。			
14	庫存彈藥外包裝是否完整？是否為裸彈？發射藥散落否？			
15	庫儲彈藥紀錄卡（508卡）記錄是否明確？			
16	是否按「混儲」規定儲存彈藥？			
17	「零頭箱」是否釘封？並懸掛零頭卡？數量是否相符？			
18	清點單是否與庫儲彈藥紀錄卡一併放置備查？			
19	是否按規定週期實施翻堆？並記錄備查？			
20	彈藥技檢後包裝是否良好？是否懸掛彈藥檢查卡？			

（續）表1：彈藥庫儲管理作業自我檢查評鑑表

彈庫「彈藥庫儲管理作業自我檢查」評鑑表			
項次	評鑑要項	評鑑結果	缺失之庫房
		是　否	及所見事實
21	彈藥庫房之安全設施是否良好？溫度是否正常？		
22	人員進出庫房是否按規定登記備查？		
23	彈藥庫儲安全維護檢查表（538表）是否按規定檢查記錄		
24	每月是否實施衛哨、消防、鎮暴等安全防護演練？		
25	上週所見缺失是否完成改善？		

　　上表所列之評鑑要項，主要係針對本文三個案例所設計，若在其它不盡相同的情況之下，則其內容必須依人、事、時、地、物的改變而有所調整，適時地修定要項內容，並依時間長短及任務之需求予以修正、擴充及補足之，以符合軍事管理實務個案之活學活用原則。

（三）比較規劃和標準之下的結果

　　除前述的訂定標準、監控與記錄之外，彈藥管理亦講求比較規劃的程序，主要係要比較

與標準狀況下的結果，以維護械彈作業人員之安全無虞。一般而言，彈藥管理人員須完成安全查核，查核其在人品與行為上是否符合標準，並且規定進入械彈庫房作業時，總人數不得少於二人，其中必須有軍官在場督導檢查。

在彈藥翻堆作業過程中，在場的督導幹部亦需詳細比對其作業要領是否符合輕取輕放，嚴禁拋擲、翻滾、摔跌之標準作業安全規定。並且嚴禁任何人員擅自於彈藥庫或作業場所拆解彈藥零件，若有發現上述違反作業紀律之行為時，督導官必須立即加以制止，以免衍生危及安全的事件。

（四）將結果和偏差告知參與的人員

單位主官（管）必須隨時查核部屬的所有行動，以確定該行動依照計劃執行，若在行動上產生重大偏離時，必須及時採取相應行動，

以矯正此一偏離現象，同時可視情
況將偏差行爲告知部屬知曉。

　　國軍對於彈藥作業安全，訂有
極爲詳盡的作業基本要求，平時即
需讓部屬養成高度重視安全的基本
觀念，不斷告誡彈藥作業人員，彈
藥之不當搬運，不僅會導致彈藥故
障，且可能造成生命與財產損失之意外事件。
蓋因由彈藥發生意外事件之數值統計中可以發
現，每一次意外事件之原因，均由可避免之人
爲錯誤及環境所造成。故作業全程，必須在有
效之作業原則下，且始終保持最小之作業限
量。若在作業過程中，發現有危及安全的事件
時，即告知參與作業人員立即停止動作，直至
將危險因素完全排除爲止。

（五）對做好的工作提供正面回饋，並在必要時採取校正措施

　　管理學中所講求的是整個控制過程，必須
以明確的標準爲根據，若缺乏此種標準，其餘
步驟將很難去進行，甚至會變得根本不可能。
因此，爲能有效衡量標準之下的結果，標準的

制定必須要明確、可達成、而且可衡量（Nickels, 2004）。易言之，控制乃係一種監視過程，對工作成效進行客觀合理的評估，比較實際現況與原定標準二者之間的差異情形，觀察是否能圓滿達成既定之目標（林豐隆，1997）。

除此之外，控制的第五步驟所強調的是，控制系統必須具有立即回饋的管道，用以確定所有活動按計畫進行，並且修正控制過程中所產生的偏差行為。事實上國軍現行的械彈管理安全相關規定，即是經由相互參酌驗證後，不斷修正偏差行為的具體成果。

六、結論

控制乃一般企業主管，對於所屬人員工作績效的衡量手段，可視情況需要而區分為每日、每週、每月、每季、每半年及每年來實

施。此種控制的概念事實上與國軍的械彈管理作為有相當類似性，亦是現代軍事管理者應了解的管理資訊，唯有透過健全控制程序，始能作為有效規劃的憑藉。事實上，基層單位或組織管理的成敗，端視其在管理控制方面是否健全？是否依計劃執行監控與檢查工作？以及是否具有回饋機制與適當改善措施？

值得一提的是，親身觀察也是一種常用的控制技術，或稱為「走動式管理」，此種管理方式幾乎普遍用在每一個組織，且以中小企業最為常見。軍隊雖非營利事業單位，無須承受利潤之壓力，但亦相當適合採用「走動式管理」模式。蓋因無論是現代管理者，抑或是領導者，都不可能完全憑藉各類報表，而發覺組織的管理問題，唯有輔之以親臨現場，始能獲致第一手資料，提升管理效能。

總之，彈藥具有極高危險性，舉凡彈藥部隊指揮官及各級管理人員，必須從需求、獲得、分配、庫儲、檢查、保養、整修及銷毀等方面，依既有程序綿密實施監控作業，平時即

應精進各項彈藥安全教育及專業知識技能訓練，建立共同安全之共識，以確保營區及社會之人安、物安。

七、參考文獻

1. Nickels, William G., James M. McHugh and Susan M. McHuhg著，藍毓仁、陳智凱譯（2004），《企業管理概論》，台北：美商麥格羅‧希爾國際股份有限公司，第619-620頁。
2. 林豐隆（1997），《企業管理實務——從事務管理著手》，台北：高立圖書，第384-387頁。
3. 《國軍工安事故案例彙編》。
4. 〈械彈、爆材管理作業規定〉民國93.10.6陞續字第0930003586號令頒。
5. 《陸軍總部彈藥勤務教範》。
6. 《彈藥勤務通報》，第一部第65號〈彈藥混儲規定〉。
7. 《彈藥勤務通報》，第二部第51號。
8. 《彈藥勤務通報》，第二部第75號。
9. 《聯勤兵工彈藥安全手冊》，第十二章消防—12020。

國家圖書館出版品預行編目資料

軍事管理實務個案 / 陸軍軍官學校軍事管理科
學研究中心編著 . -- 第一版 . -- 臺北市：揚
智文化, 2005〔民94〕
　　面；　公分.
ISBN 957-818-724-6（平裝）

1. 軍事 ― 管理 ― 個案研究

591.2　　　　　　　　　　　　94004008

軍事管理實務個案

作　　　者 / 陸軍軍官學校　軍事管理科學研究中心
出 版 者 / 揚智文化事業股份有限公司
發 行 人 / 葉忠賢
總 編 輯 / 林新倫
主責編輯 / 詹弘達
登 記 證 / 局版北市業字第1117號
地　　　址 / 台北市新生南路三段88號5樓之6
電　　　話 / （02）2366-0309
傳　　　真 / （02）2366-0310
郵撥帳號 / 19735365　戶名 / 葉忠賢
網　　　址 / http://www.ycrc.com.tw
E - m a i l / service@ ycrc.com.tw
印　　　刷 / 鼎易印刷事業股份有限公司
法律顧問 / 北辰著作權事務所　蕭雄淋律師
ISBN 957-818-724-6
初版一刷 / 2005年3月
定　　　價 / 新台幣 280元

◎協力攝影：陸軍軍官學校政戰綜合科及攝影社